七堂有趣的数学思维课

[日] 冈部恒治　本丸谅　著　胡长炜　译

机械工业出版社
CHINA MACHINE PRESS

在生活中，我们会直面各式各样的难题，这时看似有些脱离现实的数学思维和理论往往会起到意想不到的作用，引导我们找到恰当的解决方案。虽然数学听起来可能会觉得无聊，但是其中隐藏的思维方式和应用技巧非常有用。本书从身边的例子着手，带领读者揭示其背后蕴含的数学理论，从数的本质到方程之谜，从三角函数到微积分，从指数对数到概率统计，简单易懂地讲解了看似困难的数学知识，轻松解决了生活中的各种难题。翻开本书，学着用数学思维看待世界的运行，进而发现数学的无穷魅力。

图书在版编目（CIP）数据

七堂有趣的数学思维课 /（日）冈部恒治，（日）本丸谅著；胡长炜译. — 北京：机械工业出版社，2022.4

ISBN 978-7-111-54980-2

Ⅰ. ①七… Ⅱ. ①冈… ②本… ③胡… Ⅲ. ①数学 – 青少年读物 Ⅳ. ①O1-49

中国版本图书馆CIP数据核字（2022）第015557号

机械工业出版社（北京市百万庄大街22号　邮政编码100037）
策划编辑：蔡　浩　　　　责任编辑：蔡　浩
责任校对：史静怡　贾立萍　　责任印制：郜　敏
三河市宏达印刷有限公司印刷

2022年4月第1版・第1次印刷
148mm × 210mm・6.5印张・116千字
标准书号：ISBN 978-7-111-54980-2
定价：58.00元

电话服务
客服电话：010-88361066
010-88379833
010-68326294
封底无防伪标均为盗版

网络服务
机　工　官　网：www. cmpbook. com
机　工　官　博：weibo. com/cmp1952
金　　书　　网：www. golden-book. com
机工教育服务网：www. cmpedu. com

序言

用数学武装我们的头脑！

我在2018年1月时看到过一则广告，内容是面向大众“征集测量富士山体积的点子”。其实在那之前30年，就曾有一位编辑拜托过我：“请以1000米的海拔为基准，计算出富士山的体积。”乍一看这个问题似乎很简单，但其实富士山并不是一个便于计算体积的圆锥体，我记得自己那会儿一时还不知如何下手。

最后，我在橡胶垫上临摹出了所有相隔500米高度的等高线轮廓，按照形状剪下来后称出重量，再通过重量换算出等高线包围的面积，进一步算出了体积。这就是“将面积和体积转换为重量”的计算方法。

其实本书中介绍的将卡瓦列利的酒桶进行切片来计算体积的方法也是同样的道理，在此基础上继续深入下去就能窥见积分的原理。

最近在社交网络上也有类似的内容成为了热门话题。有人拿着装着大量一日元硬币的袋子去饭店前台要求用硬币买单，而店员则做出了绝妙的处理，他并未一枚枚地去数硬币，而是采取了“称量所有硬币的总重再推算枚数”的方法。一枚一日元硬币重1克，若硬币总重3千克那就是 3000 枚，也就是 3000 日元。

这名店员的想法跟我将等高线围出的面积、体积替换成其他量的计算方法其实是殊途同归的。生活中有许多困难、麻烦的问题，我们能否利用自己的头脑将其轻松解决呢？而数学，可以说就是为了回答这些问题而诞生的学科。

回到开头的广告，也有人说“即便知道了富士山的体积也没什么用，所以数学也是无用的”，果真如此吗？面对大量硬币而头疼时、计算复杂形状的物体体积而束手无策时，若是能想到“切片”或“借助重量”的手段，我们离解决问题也就近了一大步。

在工作和生活中，我们会直面各式各样的难题，这时看似有些脱离现实的“数学的思考方式和理论”往往会起到很大的作用，引导我们找到意想不到的解决方案。要说的话，数学就是令我们活得更透彻的智慧之道，是指引我们前进道路的思考方式。

最后，在本书编纂过程中，为全书内容精心把关的长谷川爱美女士和曾根信寿先生，以及把握大纲结构、顺利引导全书方向的 SB Creative 出版社的总编辑出井贵完先生和田上理香子女士都为我提供了极大的帮助，在此真诚地感谢各位。

冈部恒治

2018 年 2 月

目录

第 1 课

看清数的本质

为何分数的除法是倒过来相乘？

《岁月的童话》中妙子的疑问

以动画电影《龙猫》《风之谷》而闻名的吉卜力工作室创作过一部叫作《岁月的童话》的作品。在这部作品中，主人公妙子（五年级学生）在做分数的除法时，不能理解“为什么要倒过来相乘”而向姐姐弥惠子请教的场景给我留下了十分深刻的印象。当时姐姐向拿苹果比画的妹妹进行了解释，但妹妹却没能完全理解其中的道理，到最后也没有学会，姐姐束手无策，只得放弃道：“你只要记得分数的除法要倒过来相乘就行了！”

连动画中都出现了“分数除法”的计算方式，这倒还挺有意思的。

关于分数的除法甚至还有一种流传很广的说法是，愈是不抱一丝疑问、嚷着“简单，简单！只要把除数倒过来相乘”而轻松解决的人，他们之后的学习和生活就能愈发顺利。不过

用图形来解释

下面我们来尝试用图形来解释分数的除法，令人意想不到的是，图形反而比公式还要来得更加复杂。

首先假设有一块被切成 10 份的蛋糕，这块蛋糕也不分给别人（因为是贪吃鬼），就给一个人吃。

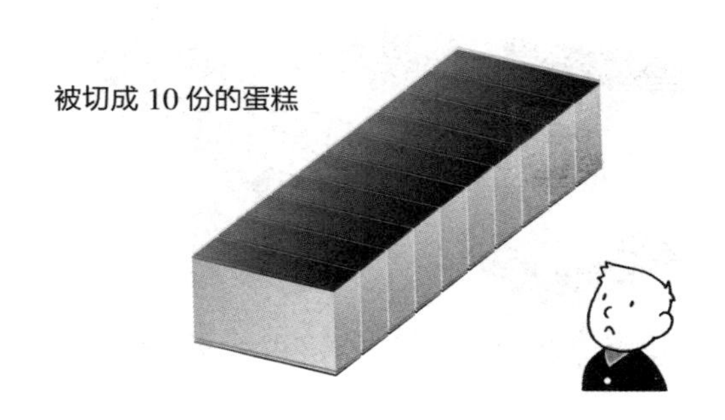

如果 1 天吃 10 份，那么蛋糕在第一天就会被吃完，用算式来表达就是：

$$10\text{份} \div 10\text{份/天} = 1\text{天}$$

以此类推，1 天吃 5 份的话就能吃 2 天，1 天吃 2 份的话就能吃 5 天。若是再忍耐一下 1 天只吃 1 份的话，那就整整 10 天都能吃到蛋糕了。

$$10\text{份} \div 5\text{份/天} = 2\text{天}$$

$$10\text{份} \div 2\text{份/天} = 5\text{天}$$

$$10\text{份} \div 1\text{份/天} = 10\text{天}$$

那么，如果进一步忍耐下去，1 天只吃$\frac{1}{2}$份的话又会如何呢？按照之前的计算，应该是能吃上 20 天。

$$10\text{份} \div \frac{1}{2}\text{份/天} = 20\text{天} \qquad \text{（预计）}$$

用图来表示的话就是如下的样子：

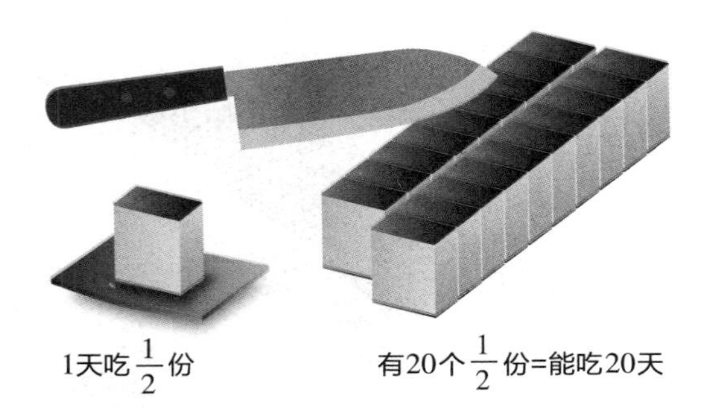

首先，“1 天吃$\frac{1}{2}$份”就意味着要把分成 10 份的蛋糕进一步对半切开再吃，每份蛋糕的分量变少了，但份数却变成了原来的 2 倍（20 份）。现在每份的大小只有之前的$\frac{1}{2}$，若是每天只吃 1 份的话就能够连续吃 20 天。

也就是说，“用$\frac{1}{2}$去除”其实等同于“乘以 2 倍”，用算式来表达的话是这样的：

$$10 \div \frac{1}{2} = 10 \times \frac{2}{1} = 10 \times 2$$

倒过来相乘

用直觉来理解倒数

无论是最初不断在等号两边“同乘”的方法，还是“蛋糕美食家”的方法，都是让人便于理解的说法。若还是无法完全领会，就请各位也试着想想其他方法吧。

不过，用蛋糕的方式来教授小朋友时也有要注意的地方，那就是不要用“人数”去除。如果是“分给 10 个人”“分给 5 个人”……那最后就变成了“分给$\frac{1}{2}$个人”，抽象起来反而会更难理解。

因此这里要用“份数”而不是“人数”，用“忍耐一下每天少吃一些，最后每天只吃$\frac{1}{2}$份”来说明的话就容易让人接受了。

说回来，在大家印象中可能只有“分数的除法”才要把除数的分母分子颠倒过来，但其实“整数除法”也是一样的。就像上述所说的“除以$\frac{1}{2}$等于乘以$\frac{2}{1}$”，除以 2 其实也就等同于乘以$\frac{1}{2}$，除法运算永远等同于乘以除数的“倒数”。

为何“负负得正”？

据说爱迪生小时候在学到“1 + 1 = 2”时，曾经向老师提问：“一团黏土跟另一团黏土合起来也只会变成一大团黏土，既然如此，那为何 1 + 1 = 2 呢?”他也因此被老师所讨厌。

的确，在玩黏土的过程中，认为“1 + 1 = 1”也是很正常的，“常识”似乎也会因场合不同而有所变化。

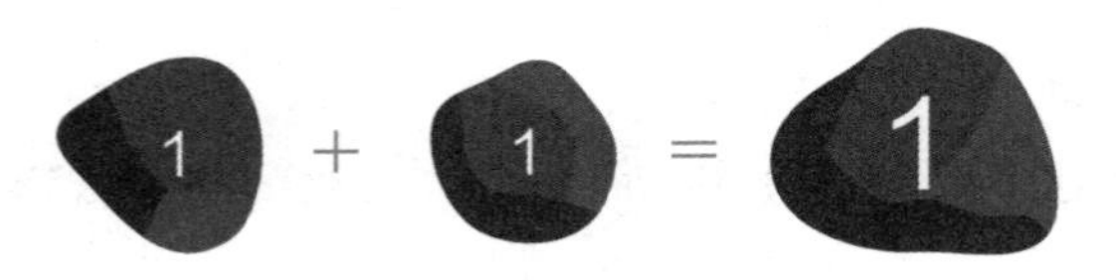

1+1……等于更大的“1”？

化学实验中也会出现颠覆“常识”的情形。如果把两杯 100 毫升的水倒在一起，就会变成 200 毫升液体；然而如果往 100 毫升水中加入 100 毫升乙醇，最后的液体总量却到不了 200 毫升，而是只有 194 毫升左右。

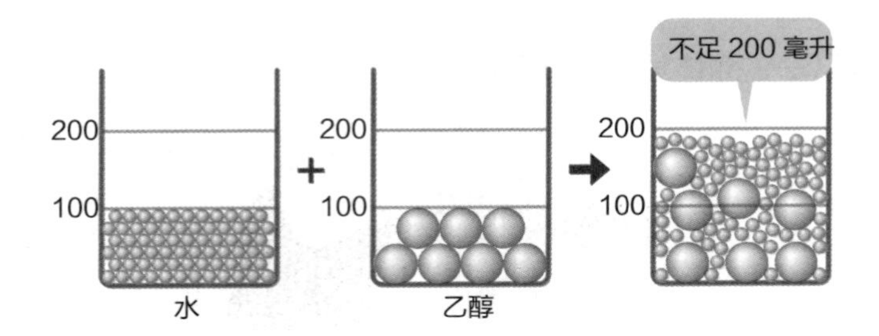

日常生活中若是把那些想当然的四则运算（加减乘除）生搬硬套到现实里去，就会出现许多不对劲的地方。

为何负数乘除负数会变成正数呢?

类似的疑问还有一个，那就是负数的计算，也就是进入小学高年级或初中后将要学习的“正数和负数”。

一开始登场的只是“5 +（ −3）=5 −3”这样的算式，这时候大家还会觉得简单得很而松一口气，但换上“5 −8”或是“ −3 −7”时，有的学生就会开始慌张了。

用“数轴”的概念来想象正负数的计算就会容易理解许多。数轴正中有一处原点 O，虽然对应着数字 0，但原点的记号是 O（欧）而不是0（零），它代表英语中的 Origin（起源）。

数轴中原点右侧是正数的范围；与之相反，左侧则是负数的范围。而在比较数字的大小时，只要记住数轴上位于右侧的数字“更大”，位于左侧的数字“更小”即可。

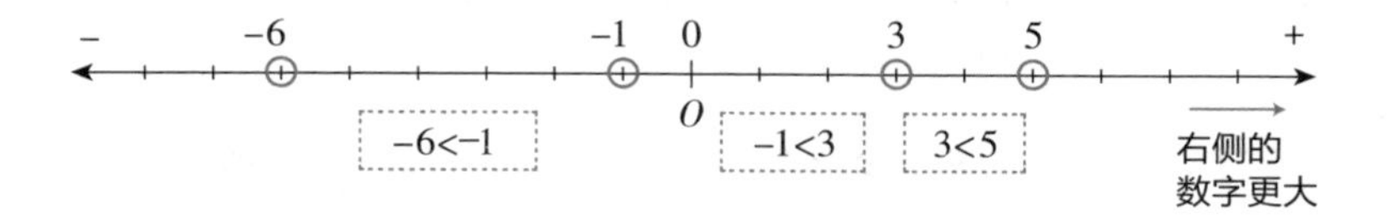

负数毕竟带着一个负号，单纯比大小时肯定是比不过正数的。所谓负数，就像“借钱”一样，越往数轴的左边走，借的钱也就越多，离还清欠款（原点 O）也就越远。

不过，一旦“借的钱”多起来，负数也会拥有很大的能量，那就是代表到原点 O 距离的“绝对值”。比方说，7 和 −7 到原点 O 的距离就是相等的，用算式表达就是：

$$7 = |-7|$$

其中把右边的“-7”框起来的“| |”就是绝对值符号。无论其中是数字还是算式，加上绝对值后都会变成正数，例如：

数字 $|-5| = 5$

算式 $|5-8| = |-3| = 3$

当然，绝对值符号中若是正数，结果也是一样的：

数字 $|5| = 5$

算式 $|5+8| = |13| = 13$

正数和负数的加减法

下面就让我们利用数轴来计算 $3+5$，$3-5$，$-3+5$，$-3-5$这四个算式吧。

首先来算 $3+5$，我们先找到 $+3$ 的位置，接着往右（由于是 $+5$）移动 5 格就可以了，这是因为数轴中规定往右的方向是正。

$3-5$ 也是一样，找到 3 的位置后，由于是 -5，所以要往左移动 5 格。

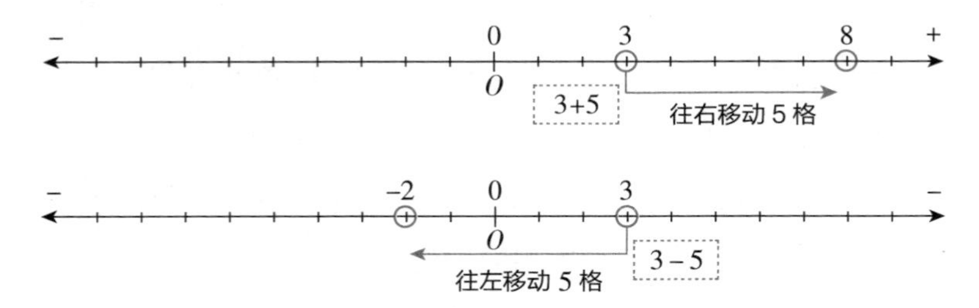

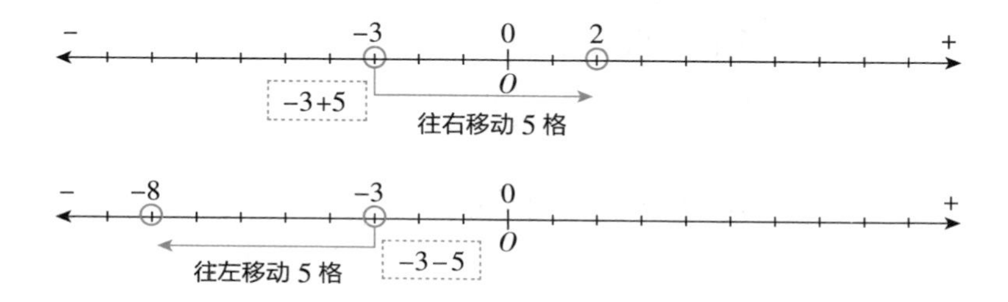

计算 −3 +5 时，我们要从数轴上 −3 的位置开始往右移动 5 格，因此答案是 +2。最后的 −3 −5，则要从 −3 的位置开始往左移动 5 格，因此答案是 −8。

为何“负数 × 负数 = 正数”？

在教材上关于负数的章节中，我们还会学到正数乘以负数，以及负数之间相乘的情况。这里首先给出不同符号的数相乘的结果：

正数 × 正数 = 正数 （**符号相同**）
负数 × 负数 = 正数 （**符号相同**）
正数 × 负数 = 负数 （**符号相反**）
负数 × 正数 = 负数 （**符号相反**）

也就是说，两个符号相同的数相乘得到的就是正数，两个符号相反的数相乘得到的就是负数，只要记住“符号相反即为负”就可以了。不仅乘法是这样，负数的除法也是一样的。

若要问“为何会这样”，这里我们也可以利用数轴来分析一下。

首先以一个符号相反的计算为例：

$$(-3)\times 5=-15$$

为何负数乘以正数会变成负数呢？

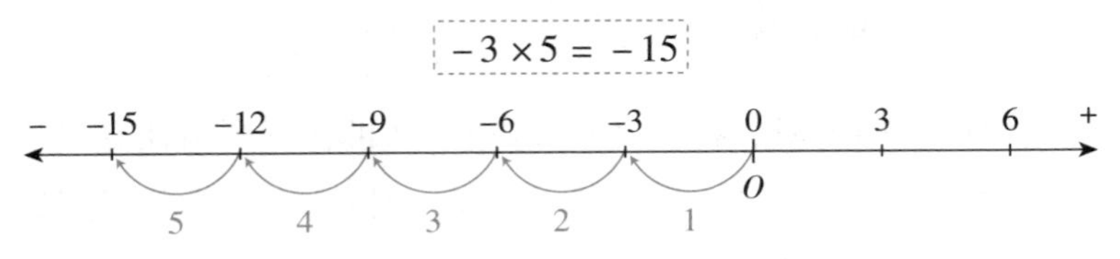

原点到 –3（左侧）的距离按照原方向变成 5 倍

这里可以认为是“3 万元的欠款（负数）变成了原来的 5 倍”。换句话说，所谓的 -3×5，就是从原点看过去，-3 朝着原先的方向增加到了 5 倍。

那么，为何符号相同的两个负数相乘会得到正数呢？为了解答这个问题，我们首先来看看普通的“正数 × 正数 = 正数”在数轴上是什么情况吧。

假设小明以 5 米/秒的速度向右跑，我们写作“+5”，小明最初的位置在原点，那么 4 秒后小明就来到了 $5\times 4=20$ 米处，所以正数 × 正数自然也就等于正数。画出来就是如下的情况：

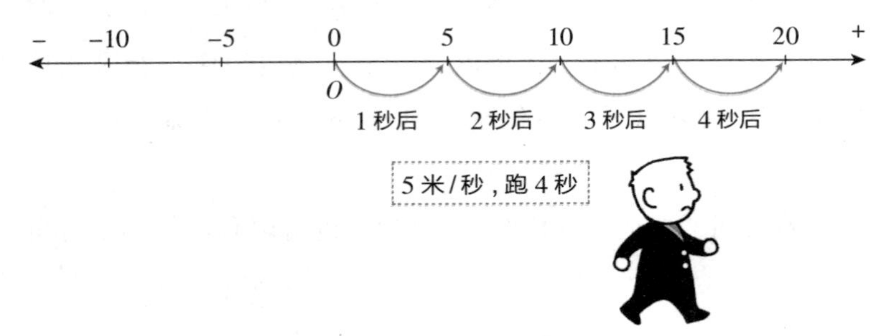

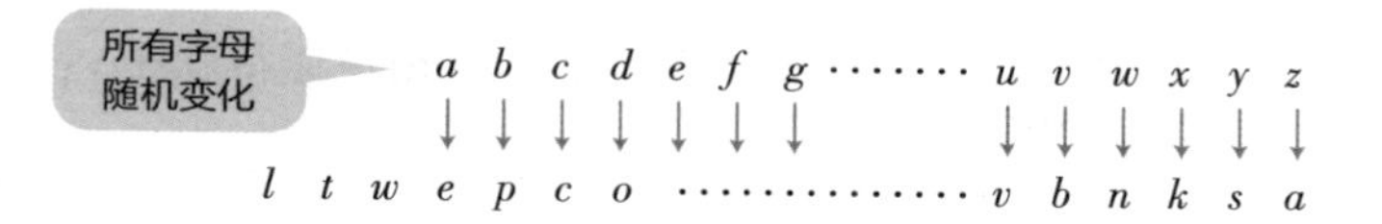

如果加密后的密文还是“urpd”，那么最开始的 u 就有 26 种对应可能，第二位的 r 有除去 u 的 25 种可能，第 3 位的 p 有除去 u 和 r 的 24 种可能，最后的 d 则有 23 种可能，那么一共有 $26\times25\times24\times23=358800$ 种可能性。

我们知道 26！可表示为如下形式：

$$26!=26\times25\times24\times23\times22\times\cdots\cdots\times3\times2\times1$$

而像“$26\times25\times24\times23$”这种中途截止的情况则可表示为：

$$26\times25\times24\times23=\frac{26!}{22!}$$

计算过程也很简单：

$$\frac{26!}{22!}=\frac{26\times25\times24\times23\times\cancel{22}\times\cancel{21}\times\cdots\cdots\times\cancel{3}\times\cancel{2}\times\cancel{1}}{\cancel{22}\times\cancel{21}\times\cdots\cdots\times\cancel{3}\times\cancel{2}\times\cancel{1}}$$

$$=26\times25\times24\times23$$

碰到这种“阶梯型”连乘时，全部写出来既麻烦又容易出错，这时候引入“阶乘（!）”这一工具就能让计算过程变得更加简便。

第 5 问——“分母为 0 时怎么计算？”

这个问题可以具体化为：5 除以 0 等于多少？

我们假设$\frac{5}{0}=x$，那么两边同时乘以0就可以得到$5=x\times0$，但无论x是多大的数，乘以0后只会得到0而永远不会等于5，因此除数为0的计算是“不成立”的。下面就用图像来看看为何会如此吧。

假设分母不是0，而是像“1→0.1→0.01…”这样不断从正数一侧趋近于0的话，可以得到：

$$\frac{5}{1}=5,\ \frac{5}{0.1}=50,\ \frac{5}{0.01}=500,\ \cdots$$

分母越趋近于0，分数的值越大，最后趋近于无穷大。

除此之外还有一种方式，那就是像“$-1\rightarrow-0.1\rightarrow-0.01$……”这样从负数一侧趋近于0：

$$\frac{5}{-1}=-5,\ \frac{5}{-0.1}=-50,\ \frac{5}{-0.01}=-500,\ \cdots$$

可以看到这种方式得到的结果是趋近于负无穷大的。

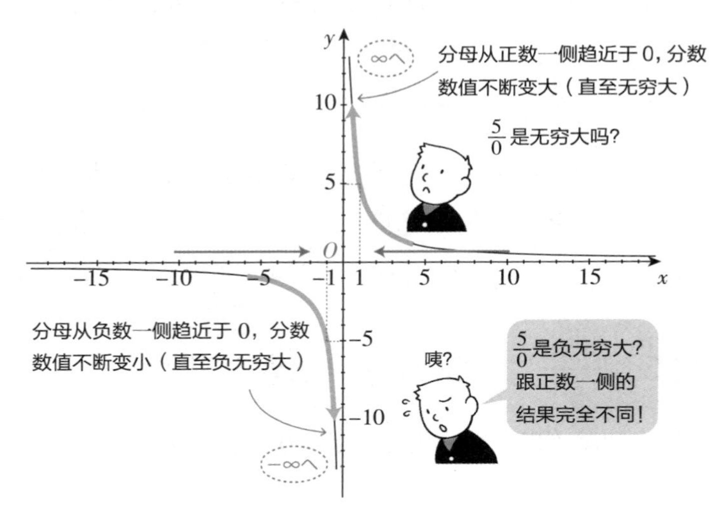

这样看来，分母从正数一侧和负数一侧趋近于0的结果是完全不同的，分母为0这一瞬间的值也没法确定下来。因此当分母出现0时，分数是无法进行计算的。

第6问——“存在公元0年吗？”

这个疑问与其说是数学问题，不如说体现了“一个问题在不同情况下有着不同的约定俗成”。

全世界的历法基本上是从“公元1年”开始的，而在那之前一年则被规定为“公元前1年”。也就是说，这个疑问的答案一般是“不存在公元0年”。

然而在天文领域中，“公元0年”却是存在的。天文学中将公元1年的前一年定义为“公元0年”，通常意义上的“公元前2年”则是天文学的“公元－1年”，两者之间相差了1年。

这么做是为了让牵扯到公元前和公元后的时间计算变得更简便。因此在某些领域内，要说“存在公元0年”也是正确无误的。通过增加公元0年，许多计算都会变得简单。

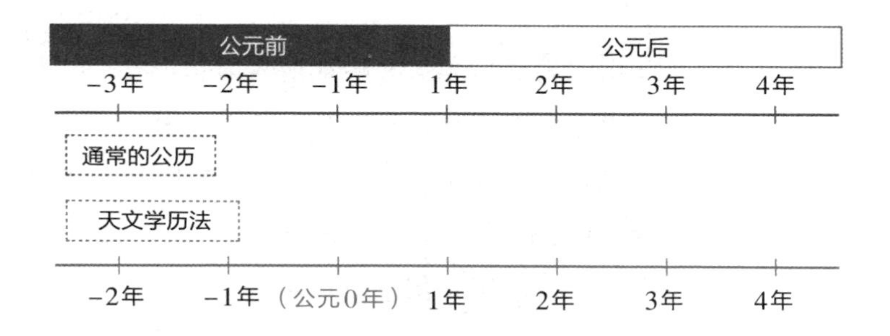

1-4 古巴比伦的六十进制数

学会换算的智慧

我们平时生活在十进制的世界，很容易就会认为世间一切都是按照十进制来运行的，造成这种情况最大的原因是我们生活中的计量单位使用的是公制。公制即是长度基本单位为米、质量（重量）基本单位为千克的十进制计量单位体系。

不过正如打高尔夫的人所熟知的，在英制单位中1码（长度）并不等于10英尺，1英尺也不等于10英寸，而是存在1码=3英尺、1英尺=12英寸这种不可思议的单位换算规则，也就是：

$$1\text{码}=3\text{英尺}=36\text{英寸}$$

而1英寸大约等于2.54厘米，因此1码用公制来换算就是：

$$\begin{aligned}1\text{码}&=3\text{英尺}=36\text{英寸}\\&=36\times2.54\text{厘米}=91.44\text{厘米}\end{aligned}$$

像笔者本人平时会将这些单位粗略地换算为：1码≈90厘米、1英尺≈30厘米、1英寸≈2.5厘米。这样一来，像是美国职业棒球大联盟的比赛场地范围（130码，中外野手离本垒的距离）就可以用130码×0.9=117米来速算。

现在，世界上大部分的国家都已经转而使用公制，但也有使用英制单位和混合两种单位使用的国家。1983年，加拿大首先我们把十进制数 1026 按照如下方式进行分解：

$$1026 = 1000 + 000 + 20 + 6$$

其中百位数的“0”特意表示成了 000，我们也可以换一种方式写成：

$$1026 = 1 \times 10^3 + 0 \times 10^2 + 2 \times 10^1 + 6 \times 10^0$$

这就是十进制的原理，同理二进制数 1001 则可以写成：

$$1001_{(2)} = 1 \times 2^3 + 0 \times 2^2 + 0 \times 2^1 + 1 \times 2^0 \quad \cdots\cdots\cdots ①$$

1001 后面带着的下标$_{(2)}$与之前的六十进制数一样，也是为了区分不同进制的数。像 $1026_{(10)}$ 和 $524_{(7)}$ 就分别是十进制数和七进制数。

那么我们来试试把二进制数 $1001_{(2)}$ 换算成十进制数吧，只要把上面的式①继续算下去就可以了：

$$\begin{aligned} 1001_{(2)} &= 1 \times 2^3 + 0 \times 2^2 + 0 \times 2^1 + 1 \times 2^0 \\ &= 8 + 0 + 0 + 1 = 9_{(10)} \end{aligned}$$

将天空树、富士山的高度用六十进制数表示

【问题】为了让古巴比伦时代的人理解东京天空树（634 米）和富士山（3776 米）的高度，请将这两个高度换算成六十进制数的形式。

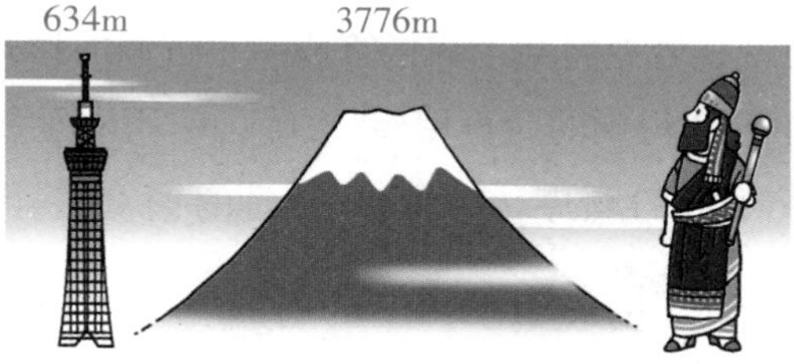

634m　　3776m

【答案】根据以下计算，东京天空树的高度 634 米可用六十进制写成“10，34”。

$$
\begin{array}{r}
60\,\underline{)\quad 634} \\
10 \cdots 34 \\
\hline
10,34
\end{array}
$$

← 余数

← 六十进制数

除法竖式也可以表示成：

$$634 = 10 \times 60 + 34 = 10 \times 60^1 + 34 \times 60^0$$

用六十进制来表示就是：

$10，34_{(60)} = 10 \times 60 + 34 = 10 \times 60^1 + 34 \times 60^0 (=634)$

这也就是上面除法竖式中按照蓝色箭头顺序得到的数。

同理富士山的高度（3776 米）则可以写成如下形式：

$$
\begin{aligned}
3776 &= 62 \times 60 + 56 = (1 \times 60 + 2) \times 60 + 56 \\
&= 1 \times 60^2 + 2 \times 60^1 + 56 \times 60^0
\end{aligned}
$$

$$
\begin{array}{r}
60\,\underline{)\quad 3776} \\
60\,\underline{)\quad 62 \cdots 56} \\
1 \cdots 2 \\
\hline
1,2,56
\end{array}
$$

} 余数

← 六十进制数

因此，3776 可用六十进制表示为 $1，2，56_{(60)}$，同样是除法竖式中按照蓝色箭头顺序得到的数。

也就是说，若要将某个数换算成六十进制的形式，只需用 60 去除这个数，得到的商再用 60 去除……不断重复这个操作后，按从下往上的顺序依次写出最后的商和各个余数就可以了。

著）中出现的“米袋问题”也应用到了这种计算方法。

书中的问题是：“一堆米袋从上到下，每层依次堆了1袋、2袋……一直到最下层的13袋，那么一共有几袋米？”这里可以将 $n=13$ 代入到式①中，得到：

$$\frac{13\times(13+1)}{2}=\frac{13\times14}{2}$$
$$=13\times7$$
$$=91(\text{袋})$$

有意思，看来之前提到的方法在当年的《尘劫记》中就已经出现了。

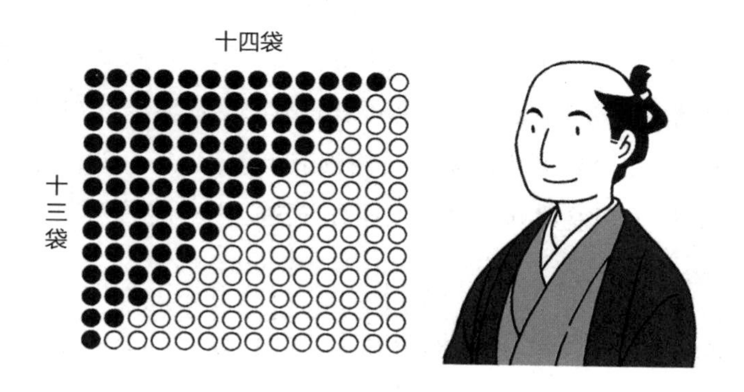

德国大数学家高斯（1777—1855）一生中留下的故事数不胜数。在他小时候，有一次老师给大家出了个问题：“请算出1到100的和。”而高斯就是第一个迅速回答出来的人。当时高斯使用的解法和《尘劫记》中“米袋问题”的解法是相同的思路，然而《尘劫记》却是1627年的著作，可以说这个故事虽然为我们展现了少年高斯在数学上的天赋，但这种解题思路本身在那之前就已经广为人知了。

“按顺序排列的数”即是数列

在石阶和米袋问题中，出现了“1、2、3、4、5…”这样一列数，像这种“具有某种顺序的一列数”就叫作“数列”。在这两个问题中，前一项跟后一项之间的差永远是1，这种前后两项之差恒定的数列就叫作“等差数列”。但要注意的是等差数列的差值不一定总是1。

2、4、6、8、10、□、14、16、□、20、22 …

5、8、11、14、□、20、□、26 …

上面第一行是初始值为2、之后每一项都比前一项大2的等差数列，第二行则是初始值为5、之后每一项都比前一项大3的等差数列。因此第一个数列中的两个空格应该分别填入12和18，第二个数列中的两个空格则应该填入17和23。

此外，等差数列中第一项叫作“首项”，前后两项之差叫作“公差”。

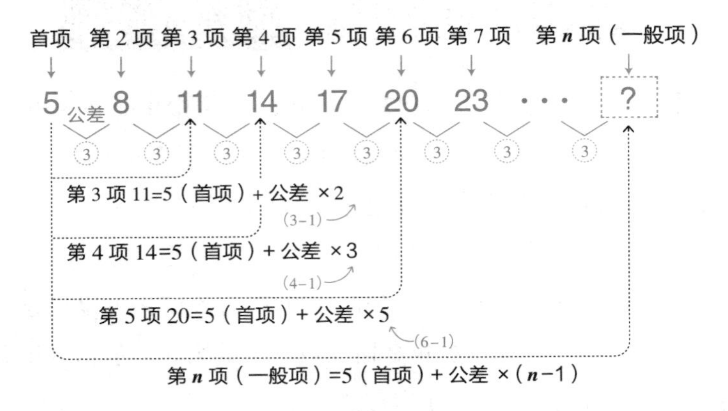

虽然最初的投资额只有1亿元，但经过持续的流通后，最后却能达到5亿元的投资效果，所以在经济学中这一现象叫作“乘数效应”。

怎样计算乘数效应？

最初的1亿元投资像滚雪球一样越变越多，这是大家都乐于见到的，不过之前的计算中掺杂着“…”就算出了最后的结果，大家是不是觉得被糊弄了呢？

最后的结果真的是5亿元吗？为什么会是5亿元呢？下面就来为大家介绍“等比数列”的求和方法。假设存在一个数列：

$$a_1,\ a_2,\ a_3,\ a_4,\ a_5,\ \cdots,\ a_n,\ \cdots$$

如果其中每一项（首项除外）都是在前一项的基础上乘以一个固定数值 r 得到的，而这一项再乘以 r 就能得到下一项，那么这个数列就叫作等比数列。其中前后两项之间的比值 r 就叫作“公比”。

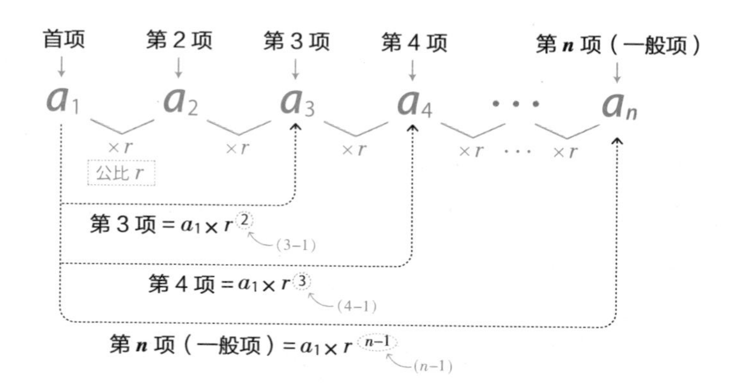

因此，等比数列的各项之间存在如下关系：

$$a_2 = a_1 r$$

$$a_3 = a_2 r = a_1 r^2$$

$$a_4 = a_3 r = a_1 r^3$$

$$\vdots$$

$$a_n = a_{n-1} r = a_1 r^{n-1}$$

而将等比数列各项全部加起来的和 S_n 则可以表示为：

$$S_n = a_1 + a_1 r + a_1 r^2 + a_1 r^3 + \cdots + a_1 r^{n-1} = \frac{a_1(1 - r^n)}{1 - r}$$

为了得到这个结果，这里需要使用一个小技巧。用 r 乘以 S_n，再用 S_n 自身减去这个积，可以得到：

$$S_n = a_1 + a_1 r + a_1 r^2 + a_1 r^3 + \cdots + a_1 r^{n-1}$$

$$rS_n = a_1 r + a_1 r^2 + a_1 r^3 + \cdots + a_1 r^{n-1} + a_1 r^n$$

$$S_n - rS_n = a_1 - a_1 r^n$$

左边提出 S_n，右边提出 a_1 后可得：

$$(1 - r) S_n = (1 - r^n) a_1$$

所以 $S_n = \frac{a_1(1 - r^n)}{1 - r}$

有了这个公式，我们就可以解决等比数列求和的问题了。政府投资了 1 亿元，每个投资环节中都有 8 成资金继续流通下去，那么在这个等比数列中首项 a_1 就是 1 亿元，公差 r 就是 0.8，套用公式可以得到：

$$S_n = \frac{(1 - 0.8^n)}{1 - 0.8} \times 1 = \frac{1 - 0.8^n}{0.2} \text{（亿元）}$$

年份	存期	10 年后的金额
第 1 年	10 年	$50000\times(1+0.03)^{10}$
第 2 年	9 年	$50000\times(1+0.03)^{9}$
第 3 年	8 年	$50000\times(1+0.03)^{8}$
第 4 年	7 年	$50000\times(1+0.03)^{7}$
第 5 年	6 年	$50000\times(1+0.03)^{6}$
第 6 年	5 年	$50000\times(1+0.03)^{5}$
第 7 年	4 年	$50000\times(1+0.03)^{4}$
第 8 年	3 年	$50000\times(1+0.03)^{3}$
第 9 年	2 年	$50000\times(1+0.03)^{2}$
第 10 年	1 年	$50000\times(1+0.03)$

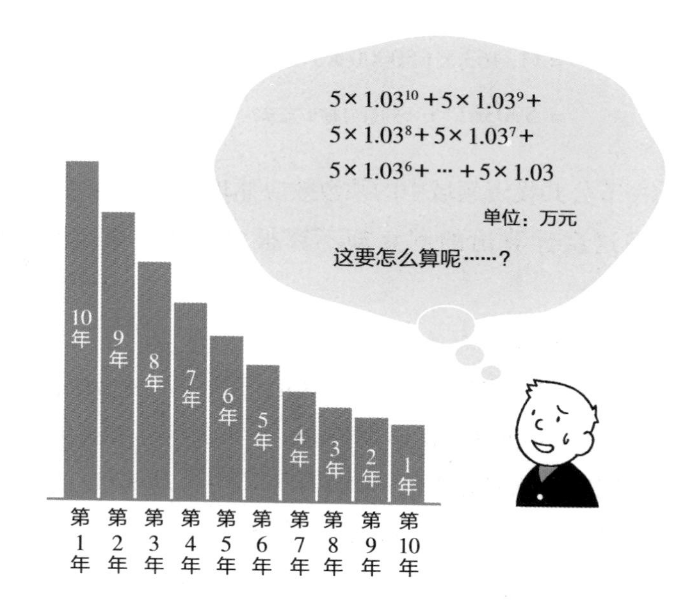

■ 每年存 5 万元，10 年后能够存下多少钱？

借由之前推导出的等比数列求和公式

$$S_n = \frac{a_1(1-r^n)}{1-r}$$

我们可以计算出如下结果：

$r=1.03$　$n=10$　$a_1=50000\times1.03$

$$S_n = \frac{(1-r^n)}{1-r}a_1 = \frac{1-1.03^{10}}{1-1.03}\times(50000\times1.03)$$

$$=\frac{1-1.3439}{1-1.03}\times(50000\times1.03)$$

$$=\frac{-0.3439}{-0.03}\times(50000\times1.03)$$

分子分母即便变成负数也可以互相抵消掉负号

$$=11.463\times(50000\times1.03)$$

$$=590361$$

← 利息只有 9 万元？

前一节公共投资领域中的乘数效应体现了令资金翻 5 倍的威力，但这次计算出的利息却不算很多，令人稍微有一些失望。

另外在金融业中有一个广为人知的“72 法则”，那就是“用 72 除以利率（去掉百分比），便能得到存款翻倍所需的时间”。如果利率是泡沫经济时期的 9%，那么经过 $72\div9=8$ 年后存款就能变成原来的 2 倍。如果利率是 1% 就需要 $72\div1=72$ 年，像现在利率是 0.05% 的话就需要 $72\div0.05=1440$ 年。

无论某个问题的计算有多么复杂，只要掌握相应的数学知识，我们就能将其理顺，还能轻松算出结果。

18 误解颇多？正确看待有效数字的方式

甲乙两人各自在家用数字体重秤测了测体重，其中甲的体重秤精度较低，只能显示到“68kg”的程度，而乙的体重秤则精度稍高一些，可以显示出“68.0kg”的结果。

这时我们很容易就会认为“两个人都是68kg重，体重没有区别”，但事实果真如此吗？虽然测量永远会存在误差，但这种情况下两人体重的误差范围其实相差巨大：

甲测出68kg→67.5kg≤真实体重<68.5kg

乙测出68.0kg→67.95kg≤真实体重<68.05kg

这种差别可以用下图形象地展示出来：

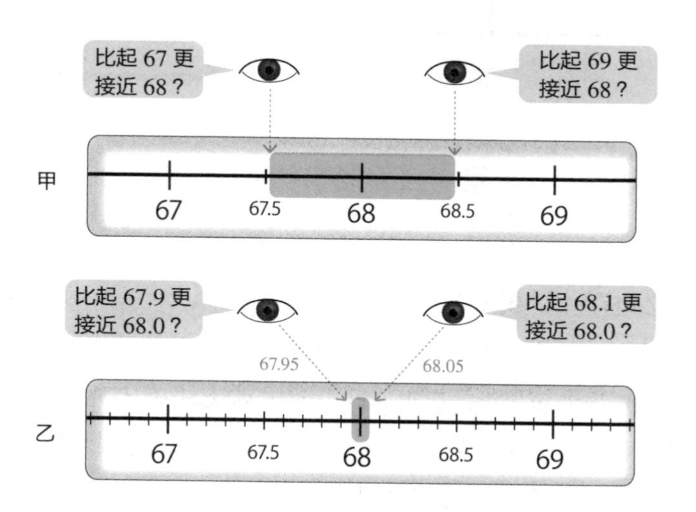

甲测出来的体重误差范围最大能达到1kg，而乙测出来的体重误差范围大幅降低到了0.1kg，这么看来买个精度稍微高

一些的体重秤说不定还是挺划算的。

任何事物都存在误差

为了不产生“68kg 和 68.0kg 没有区别”的误解，我比较推荐能够连续指示数字的指针型体重秤。这是因为电子秤只能显示一个“数值”，很容易让人产生这个数值是“绝对正确”的想法。而若是指针型体重秤，在读取数值时就能像下图这样，让人明确意识到最后的结果是在“存在误差”这一前提下得到的。

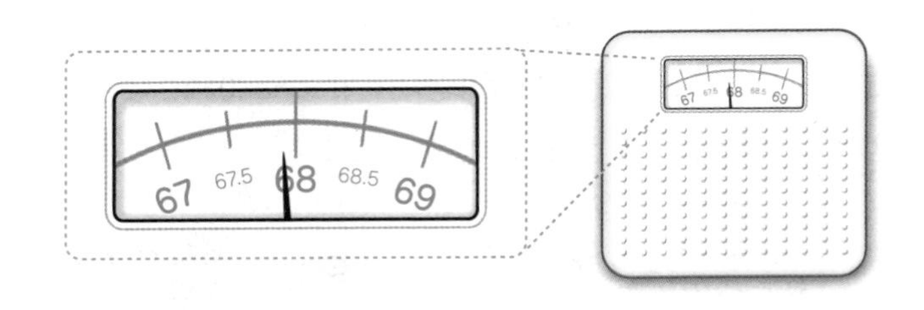

我们能在多大程度上相信这些数值？

事实上，无论我们使用的测量仪器精度有多高，数值的测量都必定存在“误差”。

因此对于测量出来的数值，我们有必要向其他人正确传达数值的“误差范围”。若非如此，对方就无法确定“究竟能在多大程度上相信这些数值”。表示“可以相信到这个程度”的数字称作“**有效数字**”，有效数字的位数称作“**有效位数**”。

甲测得的体重 68kg 包含“6，8”两个有效数字，有效位数则是 2 位。最后的 8 是下一位数字四舍五入得到的结果，因此我们可以推测出甲的真实体重位于67.5kg到68.5kg之间。而乙的体重是68.0kg，所以包含“6，8，0”三个有效数字，有效位数也变成了3位。当然，最后的0也是下一位数字四舍五入得到的结果，因而可以推测乙的体重范围是67.95kg到68.05kg之间。

容易做出的错误判断——0.0012的有效位数是5位？

解决下面这个问题后，相信大家能对有效数字有更深刻的理解。

> 【问题】　请回答下列数值的有效数字和有效位数。
>
> （1）2.734kg
>
> （2）0.000538g
>
> （3）3776m

（1）~（3）均为测量值，因此可以认为这些数值都存在一定的误差。

（1）的有效数字是“2，7，3，4”，有效位数是4位。其中2.734最后的4是下一位数字四舍五入后的结果，这意味着（1）的真实大小位于2.7335到2.7345之间。

说“4位”有效数字，我们很容易想到“2734”这类包含千位的数，但有效数字“4位”仅仅意味着“有效数字有4个”，跟数本身是几位数无关，只表示“能够相信的数字从头到尾有4位”。

同理，（2）的有效数字是“5，3，8”，有效位数则是

3 位。

0. 000538 这个数值也是测量值，自然也存在误差。最后一位的 8 是下一位四舍五入得到的结果，意味着这个数的真实大小位于 0. 0005375 到 0. 0005385 之间。

常见的一种误解是把这个数开头的 0 纳入有效数字，认为有效数字一共有“0，0，0，0，5，3，8”7 位。但实际上开头的“0”只能起到定位的作用，并不包括在有效数字之内，从左到右出现了“0”以外的数字时才需要开始考虑有效数字的问题，这就是有效数字的规则。

因此 0. 000538 哪怕写成“5.38×10^{-4}”的科学记数法形式也不会对有效数字造成影响，同样是“5，3，8”三个，有效位数也仍旧是 3 位。

（3）就比较简单了，有效数字是“3，7，7，6”，有效位数是 4 位。测量值 3776m 意味着（3）的真实大小位于 3775. 5 到 3776. 5 之间。

说到这个问题，也有人一牵扯到数字就想要加上“大约”的前缀。当有人说“地球到月亮的距离是 38 万 km”时，他们就会反问“不应该是‘大约 38 万 km’吗?”而对此穷追猛打。

在现实社会中，我认为比起纠结这些细枝末节的地方，能够脱口而出国家经济概况或公司预算的“头三位”数字才是真正有意义的，也就是 3 位有效数字的估算。

第2课

面积和体积的另一面

为何长方形的面积等于“长 × 宽”？

现在初中入学考试竞争越来越激烈，据说有一名小学生在四年级时就想跳级上初中而接受了补习班的测试，但题目中出现了学校还没有教过的面积问题，结果令他不知所措。

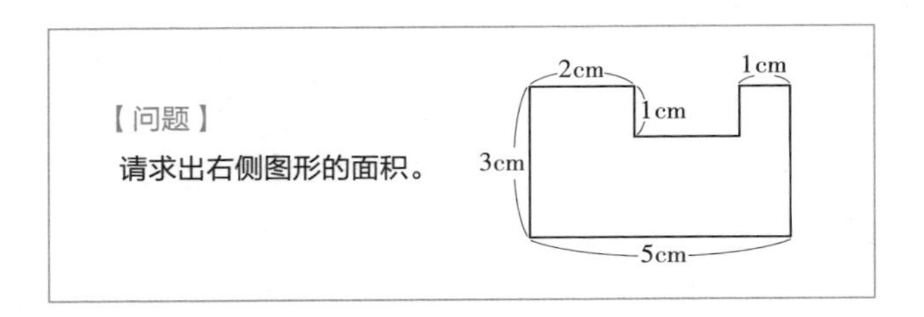

当时的问题就像上面这样，可能由于那名小学生还不了解“面积”的概念，他满脑子只想着把周长加起来，或是把凹进去的长度减掉……总之整个人一头雾水。

顺便一提这道题的答案是 13cm^2。图形上方缺失的部分是一个 $1\text{cm} \times 2\text{cm}$ 的长方形，因此这部分面积是 2cm^2；再用 $3\text{cm} \times 5\text{cm}$的大长方形面积减去这部分面积就能得到 13cm^2 的结果。除此之外也有其他的方法。

除了背公式，还有更简便的方法！

然而，若被问到“为何长方形的面积就等于长乘以宽呢?”，即便是掌握了面积计算公式的人也会有很大一部分无法回答。若进一步再问到菱形的面积公式，基本上也不会有几个人记得起来。公式靠背是有极限的，而且光靠背也会失去很多趣味性。

不过我们只需知道一个知识，就能推导出长方形的面积公式，而且其中也不乏趣味，那就是——

“把长宽均为 1 的大小当作 1 个单位”（单位正方形）

这句话就是面积的基础。了解了这个知识，计算面积就只需数清楚“图形中有多少个单位面积”即可。比如下面浅蓝色长方形的面积计算就可以用“包含了多少单位面积”的思路，从而得到：

长方形的面积 = 长 × 宽

这就是计算任何面积的基本过程。

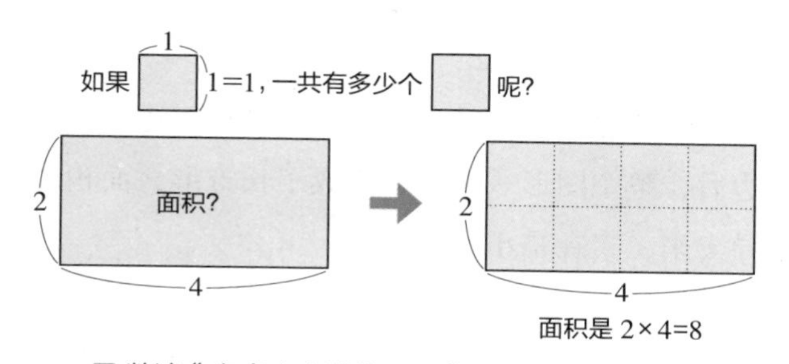

■ 数清“有多少个单位面积”是面积计算的根本

把图形变换成长方形，面积公式一通百通！

在三角形、梯形和平行四边形的面积计算中，由于斜边的存在，似乎没法通过“长宽为 1”的单位正方形来数出面积，但实际上这些图形都不过是长方形的变形罢了。因此只要用下面所介绍的方法将这些图形变回长方形，就可以顺藤摸瓜推导出它们本身的面积公式。

比如说三角形（下图左）原本看上去跟长方形扯不上关系，但我们可以用一根垂线将其分成两个直角三角形，再复制一份倒过来拼在一起。这样三角形就变成了长方形，所以三角形的面积就是图中长方形的一半，也就是长 × 宽 ÷2。而长方形的长和宽等于最初三角形的底和高，因此我们可以得到：

三角形的面积 = 底 × 高 ÷2

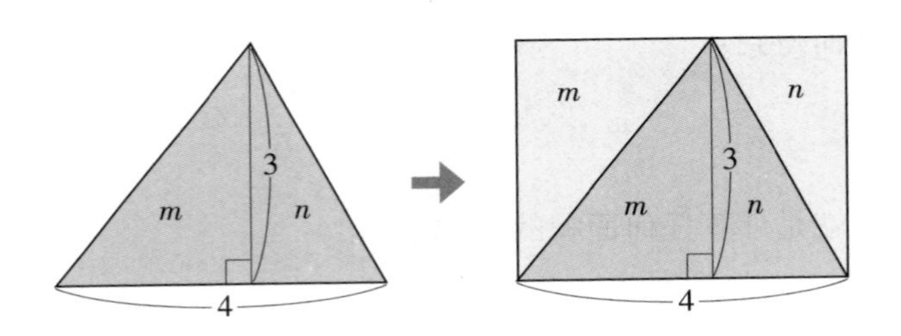

平行四边形也一样，像下图这样将平行四边形的一部分移到另一边后，整个图形一下子就变成了长方形，面积公式也能很快推导出来，实在是小菜一碟。

平行四边形的面积 = 底 × 高

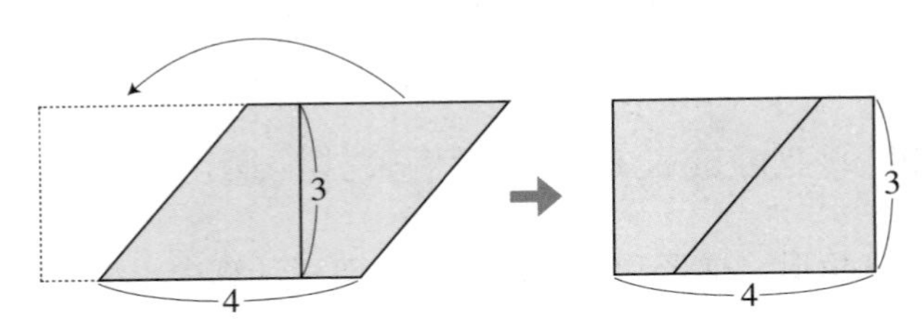

■ 将平行四边形切开后拼接成长方形

菱形也不在话下

我们再来看看菱形的面积。通过下图可以看到，菱形沿着对角线切开就会变成两个相同的三角形。

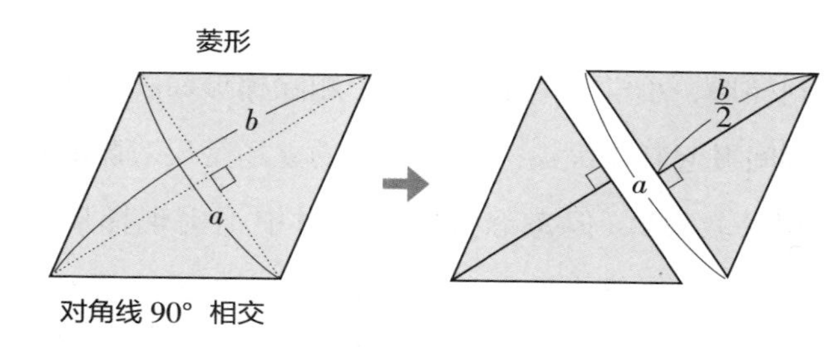

■ 菱形的面积等于两个三角形的面积

一个三角形的面积是$\dfrac{a\times\left(\dfrac{b}{2}\right)}{2}=\dfrac{ab}{4}$，所以：

$$菱形的面积=\frac{ab}{4}\times 2=\frac{ab}{2}$$

就像这样，各种不同图形的面积都可以像游戏或解谜那样推导出来，我们没必要把所有的面积公式都死记硬背下来。更何况某个图形的面积也不一定只有一种推导方法，通过自己的思考和尝试得到面积公式也能让我们对面积的理解更加深刻。而思考有没有更加轻松的解法这个过程本身正是提升数学能力最为行之有效的方法。这种主动思考的习惯也能对我们的工作和生活起到很大的帮助。

用 3 种方式计算梯形面积

现在还剩下梯形的面积，让我们继续按照之前的思路尝试推导吧。

说到梯形，小学学习指导纲要中删除梯形面积公式的事件曾在一时间掀起轩然大波。笔者所持的立场是反对删减教材内容的“宽松教育”，但考虑到即便教材中不出现梯形面积公式，学生也可以自己推导出来这一点，倒不如说这是一件应该欢迎的事（虽然有可能连自行推导都不会被鼓励）。

下面我们就来看看有哪些方法可以推导出话题缠身的梯形面积公式。

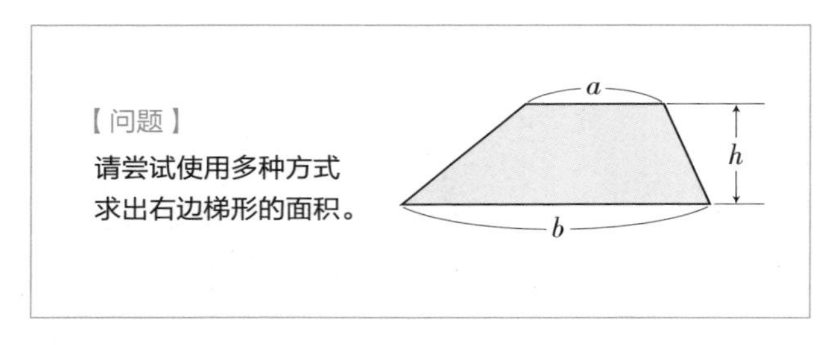

解答 1……组合两个相同的梯形

我们可以再复制一个一模一样的梯形，将其中一个颠倒过来拼到一块，就组成了一个平行四边形。

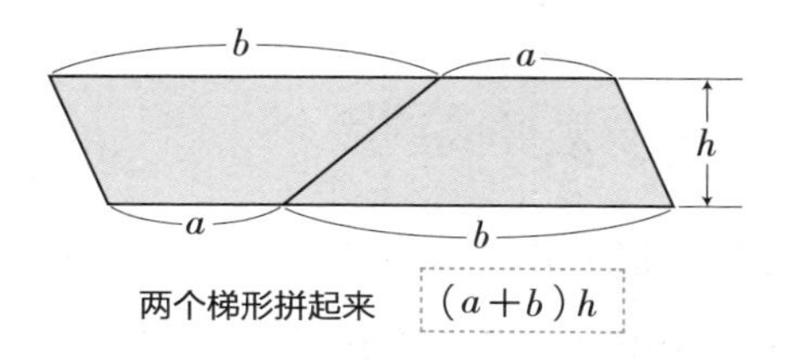

■ 线索是“梯形 ×2= 平行四边形”

平行四边形的高和梯形一样都是 h，而底是 $(a+b)$，也就是梯形的“上底 + 下底”成了平行四边形的底。两个梯形构成的图形（平行四边形）的面积是底 × 高，也就是 $(a+b)\times h$。而所求的梯形面积是其一半，将其除以 2 后得到：

$$梯形的面积=\frac{(a+b)\times h}{2}$$

也就是“（上底 + 下底）× 高 ÷ 2”。

解答 2……把梯形切成两半

我们也可以把梯形分割成如图所示的两个三角形。

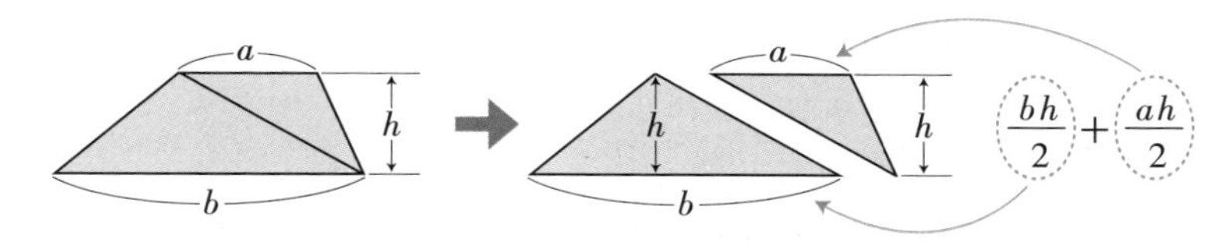

两个三角形的底分别是 a 和 b，高同为 h，因此可以直接计算出各自的面积$\frac{ah}{2}$、$\frac{bh}{2}$。将两个三角形的面积相加就能得到：

$$梯形的面积=\frac{ah}{2}+\frac{bh}{2}=\frac{(a+b)\times h}{2}$$

解答3……把斜边变成垂线

在各种计算梯形面积的方法中，这是笔者最喜欢的一种。

请观察左下的图形，图中经过两条斜边的中点各作了一条垂直底边的线，并切下了梯形的一部分，再把切下来的部分拼到上方就变成了右下的长方形。

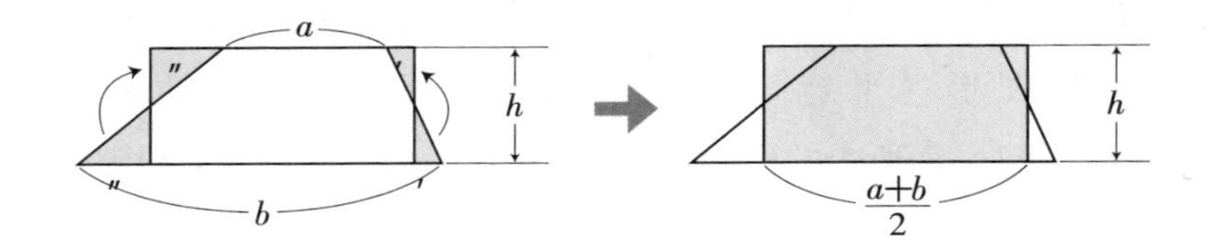

这个长方形的高（宽）仍是 h，而长则是$\frac{a+b}{2}$，因此面积便是$\frac{(a+b)\times h}{2}$。

就像这样，我们完全可以通过各种各样的努力尝试一步步推导出正方形、三角形、平行四边形等简单图形的面积公式，而数学的趣味也就蕴含在其中。

从拼接法到卡瓦列利法

这里介绍的图形拼接是一种很便捷的方法，但其实还有比这更符合直觉、更有趣的方法，那就是卡瓦列利法。若掌握了这种方法，今后在学习积分时也能派上很大的用场。从下一节开始，本书就会来介绍究竟何为卡瓦列利法。

用卡瓦列利法重新审视面积

把三角形变成长方形！

先来看看如何用卡瓦列利法来审视三角形和四边形（以平行四边形为代表）的面积吧，首先我们把下图中的三角形细细地切分成许多细长条。

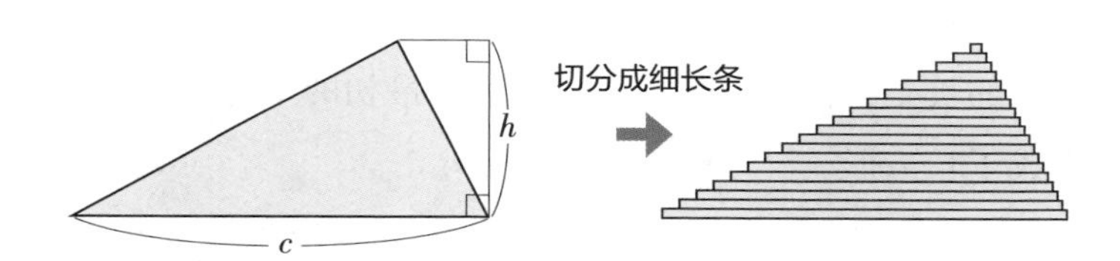

接下来以正中间那一条为基准，把上下部分拼接起来，这样曾经是三角形的图形就变成了长方形。而长方形的长即为正中间细长条的长度，也就是$\frac{c}{2}$。

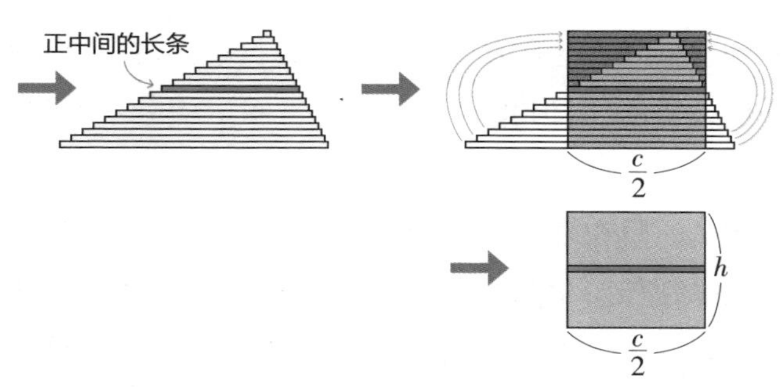

■ 三角形变身长方形！

因此拼出的长方形面积可以通过$\frac{ch}{2}$计算得到，这也就是三角形的面积公式。

把平行四边形切得非常非常细

平行四边形是一种典型的四边形，我们来试试用卡瓦列利的方法让平行四边形变化一番。平行四边形的面积公式和长方形是一样的，实际上这也很好理解。

首先我们把下图左边的平行四边形像三角形那样切成非常非常细的长条，接着把长条两端对齐，最初的平行四边形瞬间就变成了长方形。

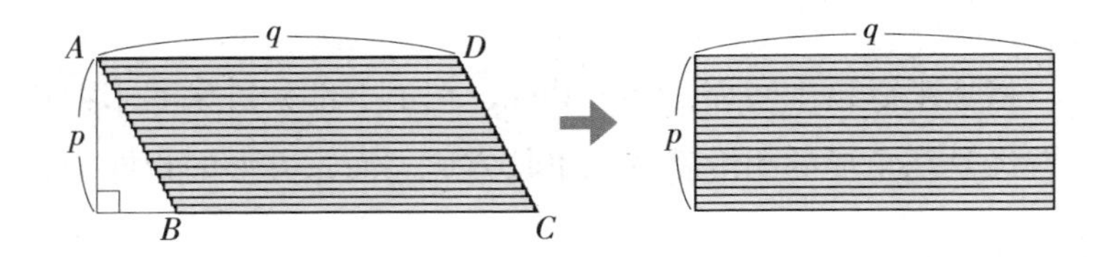

卡瓦列利法是自由而有趣的思路

看到这里应该会有人说：“切细后长条两端根本不平整，这种方法是错的！”但我们可以认为当图形切分到无限细时，长条两端是平是尖其实是一样的（这牵扯到积分思想）。

数学是一门在理论上十分严密的学科，但也存在“直线向两端无限延伸”这般在现实世界中根本不存在的能让想象自由发挥的一面。我认为通过卡瓦列利法，我们就能体验到数学这种自由而又有趣的思考方式。

2 5 如何求解圆的面积?

延续到无限的 π

接下来我们来试着挑战一下由曲线围成的典型图形“圆”的面积。圆由曲线围成，因此用长×宽计算其面积是行不通的。

话题扯远一些，我们先从圆周率 π（读作“派”）开始讲起吧。圆周率也就是“圆周的比率”，即是指“圆周长和直径之比”，因此：

$$圆周率\ \pi = \frac{圆周长}{直径}$$

圆周长的计算方法也就随之而出。由于直径等于半径的 2 倍，如果半径是 r，那么我们熟悉的公式就出现了：

$$圆周长 = 直径 \times \pi = (2 \times 半径) \times \pi = 2\pi r$$

π（圆周率）的实际数值是一个无限小数 3.14159265358979⋯，但我们一般只记作“π = 3.14”。这个 3.14 的数值是三大数学家之一阿基米德（其他两人是牛顿、高斯）在公元前三世纪通过正 96 边形的周长从圆的内侧和外侧近似求出的结果（参见下一页图示）。

在那之后不断有人对圆周率发起挑战，德国数学家鲁道夫（1540—1610）就是其中的知名者之一。他借助正

2^{62}边形将 π 推算到了小数点后 35 位，他的弟子们将这个值“3.14159265358979323846…”刻在了他的墓碑上，据说德国也因此将圆周率称作“鲁道夫数”。

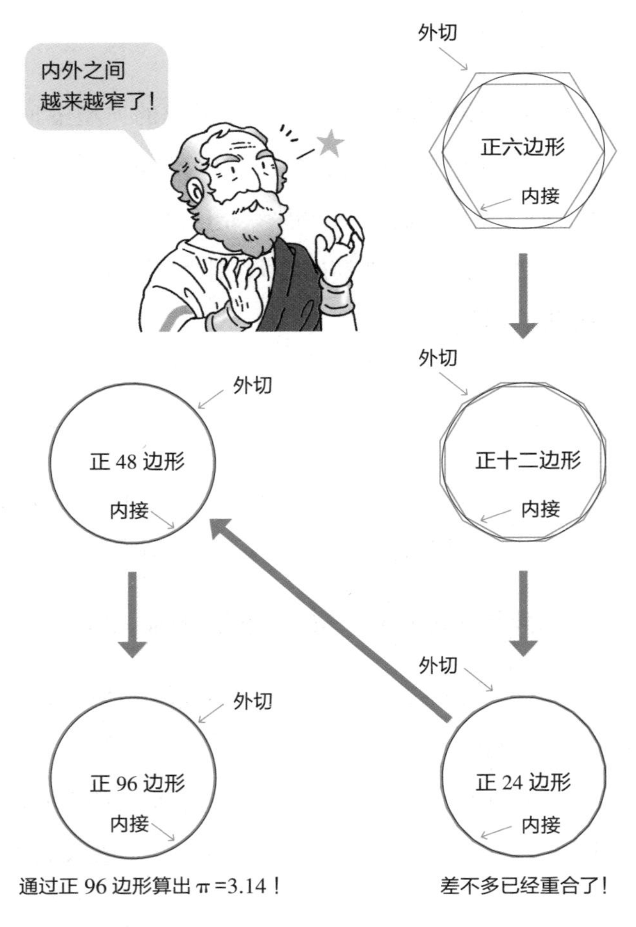

■ 阿基米德从正六边形开始逐渐逼近 π 的精确值

关孝和、建部贤弘做出的贡献

日本人在圆周率竞争中也不落下风，江户时代的数学家关孝和（1642—1708）将圆周率计算到了小数点后 16 位，而他的弟子建部贤弘（1664—1739）则通过正 2^{10}（1024）边形将其算到了小数点后 42 位。跟鲁道夫的正 2^{62} 边形相比，建部贤弘用简便得多的正 2^{10} 边形就得了更为精确的结果，这是因为他发明了一种新的算法，即累遍增约术（实际上是现代数值计算中的理查森外推法）。

近年来，日本的金田康正（1949—）借助计算机屡次刷新纪录，已经计算出了圆周率小数点后超过一万亿位数。

如何计算圆的面积?

好了，关于圆周率说了不少，下面就让我们回到“如何求圆的面积”这一话题吧。

如果去问大学生“为什么圆的面积等于 πr^2”，可能很多人都会回答“圆的面积是从圆周率的定义得到的”，但果真是这样吗？

遗憾的是并非如此，因为圆周率就像本节开头所说的，它的定义仅仅是“圆周长与直径之比”而已，跟圆的面积完全没有任何关系。因此若要计算圆的面积，我们就必须重新考虑别的方式。

在笔者的小学生时代，关于圆的面积为什么是 πr^2，学校里是用下面的形式来说明的：

①沿圆心把圆分割成细小的扇形，将其交错排列后就会得到一个近似的长方形；

②这个长方形的宽等于半径 r，长则是圆周长（$2\pi r$）的一半 πr；

③因此通过长方形的面积公式（长 × 宽）可以得到圆的面积等于 πr^2。

这也是教材中一直以来的推导方法。

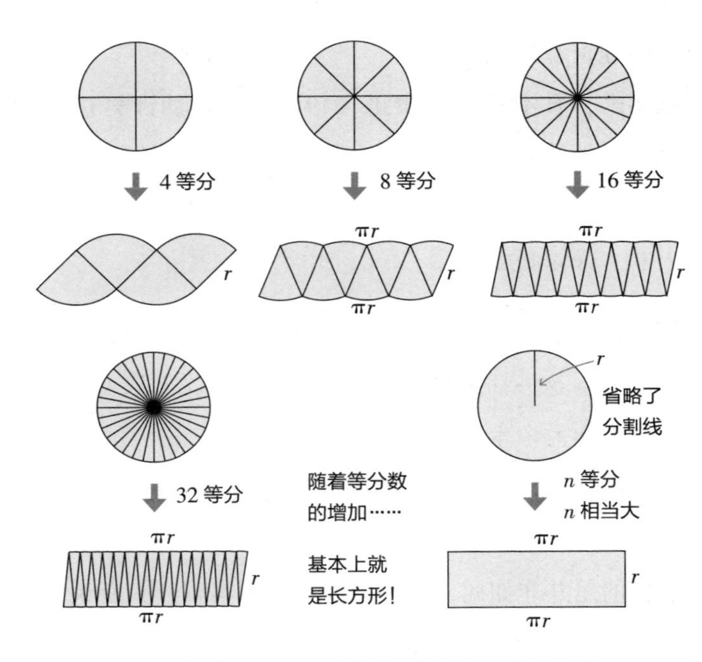

■ 将圆切成扇形再交错排列后变成“长方形”

用卡瓦列利法重新审视圆的面积

用卷筒纸求出圆的面积

上一节的方式作为推导圆面积的一种方法是没有问题的，不过笔者更推荐下面这种利用卡瓦列利法的思路。

首先我们把圆细分成许多个同心圆环，看上去就像是卷筒纸的截面一样。

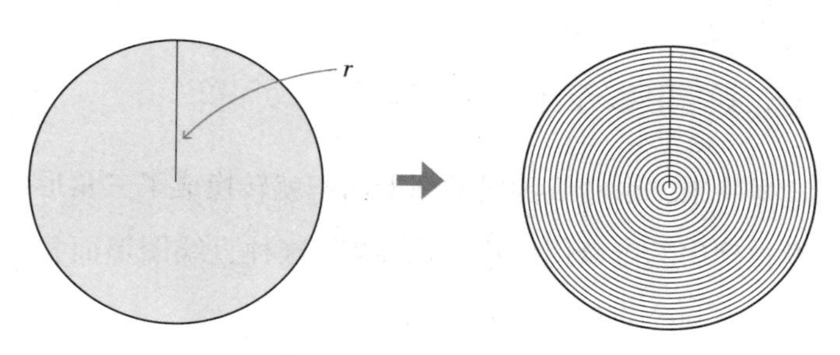

将圆细分成许多同心圆环

接着把这卷“卷筒纸”平放在地板上，沿着上方的半径将其切开。

这样一来所有的圆环就会从上半部分开始分离展开，最后堆积成一个三角形。

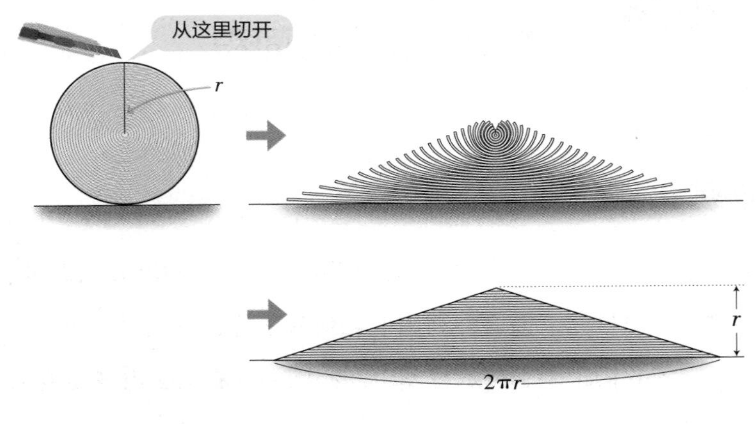

■ 从上方切开就会垂下来变成三角形

用直线图形表示出了曲线图形的面积？

这样一来，由曲线围成的图形面积就转换成了三角形的面积，没想到居然可以用“底 × 高 ÷ 2”这种直线图形面积计算公式来计算圆的面积。

通过这种方式，我们就能非常简单地得到圆的面积为 $2\pi r \times r \div 2 = \pi r^2$。如果把转换的过程变成小动画，想必大家一定会在心中大喊“原来如此！”，并自然地理解这个结论吧。

像这样，数学的学习过程也是一种“全力寻找捷径的训练”。

酒桶的体积怎么算？先切片再看！

立体图形有哪些？

之前一直在说面积的话题，下面就用卡瓦列利法来看看立体图形的体积吧。常见的立体图形包括三棱柱、四棱柱、圆柱等柱体和三棱锥、四棱锥、圆锥等椎体，除此之外常见的还有球体。

其中柱体是底面原封不动向上延伸而成的形状，因此体积的计算非常简单，也很容易理解：

柱体的体积 = 底面积 × 高

把酒桶切片→“体积 = 面积 ×厚度”

令人很难直观想象的是锥体的体积。小学教材中有教到“三棱锥的体积是三棱柱的三分之一”。在使用卡瓦列利法考虑这个问题之前，请各位再回想一下前面提到的将酒桶切片的故事。

许多数学家都希望能够计算出像下图这样的酒桶的体积。

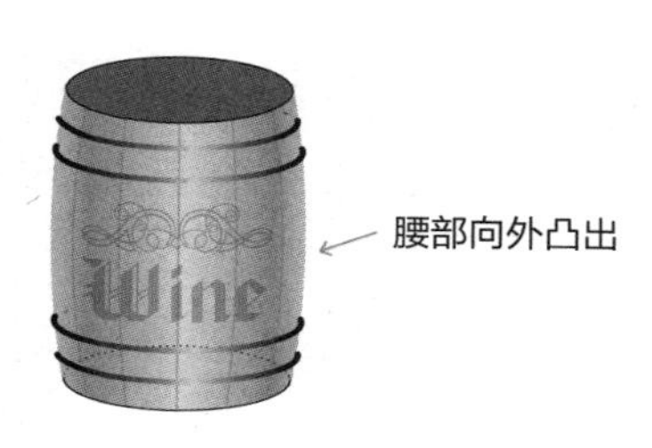

卡瓦列利、开普勒、高斯他们想到的方法是像图中这样把酒桶切成超薄的薄片。

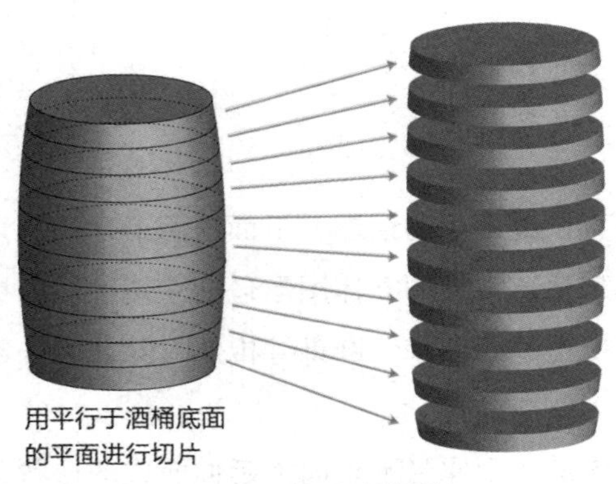

■ 把酒桶切片→大量超薄圆柱

只要把这些厚度相同的超薄切片一个个分开后，就可以得到一系列大小渐变的薄圆柱。这里把所有圆柱的底面积加起来，再乘以薄片的厚度（也就是高）便能得到酒桶的体积。

也就是说决定了切片的厚度之后，我们就能通过截面的面积来确定酒桶的体积。

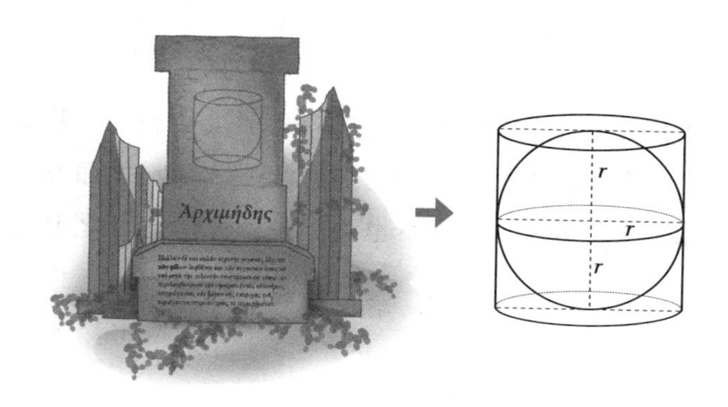

其实这是刻在阿基米德墓碑上的图案，那么为何他的墓碑上又会刻有这种图案呢？这大概是因为阿基米德认为自己计算出“圆柱和球体的体积比是 3∶2（表面积也是如此）”这种“美妙的结果”是他人生中最值得自豪的一件事吧。

这里将其称为“美妙的结果”，并不仅仅是因为体积之比和表面积之比相等，还因为通过这个比值能够计算出当时数学家苦苦探寻的“球的体积”。

从圆柱体积到球的体积

圆柱的体积等于“底面积 × 高”，而图中圆柱的底面积为 πr^2，高为 $2r$，因此：

$$\textbf{圆柱的体积} = \pi r^2 \times 2r = 2\pi r^3$$

而上面说到球的体积等于对应圆柱体积的 $\frac{2}{3}$（之后会证明），直接套用公式就是：

$$\text{球的体积} = 2\pi r^3 \times \frac{2}{3} = \frac{4\pi r^3}{3}$$

于是我们就这样得到了球的体积。也就是说，阿基米德墓碑上的图案就是他为自己首次推导出球体体积公式而自豪的象征，菲尔兹奖奖牌上的图案也正是为了宣扬他为此所做出的贡献。

计算圆柱和球的体积

下面我们就来试着一步步计算出圆柱和球的体积吧。首先重新画出墓碑上的图案：

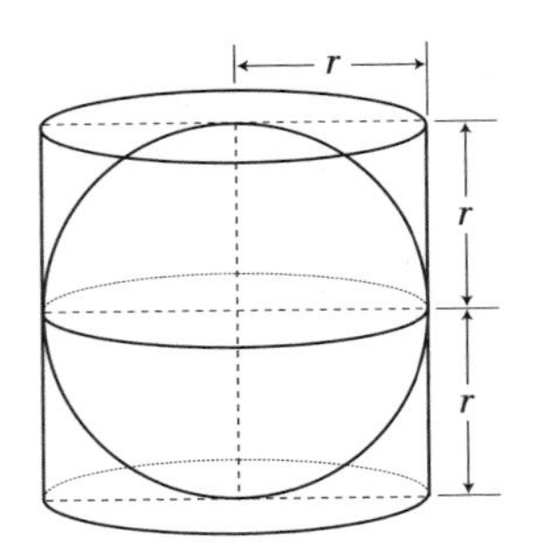

这个图形上下是对称的，体积完全一样，因此我们只需简化考虑上半部分（下文将其称作半圆柱）即可。

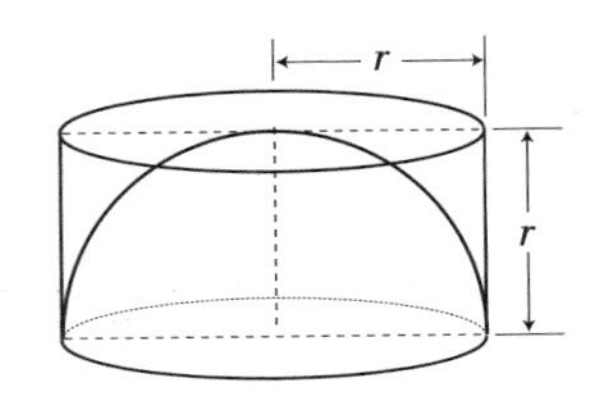

为了证明半球的体积是半圆柱体积的$\frac{2}{3}$，我们只需证明半圆柱减去半球部分的体积是半圆柱体积的$\frac{1}{3}$即可。

提到半圆柱体积的$\frac{1}{3}$，大家有没有什么头绪呢？没错，就是圆锥的体积。换句话说，证明出下图的计算成立就等于证明了球体体积公式。

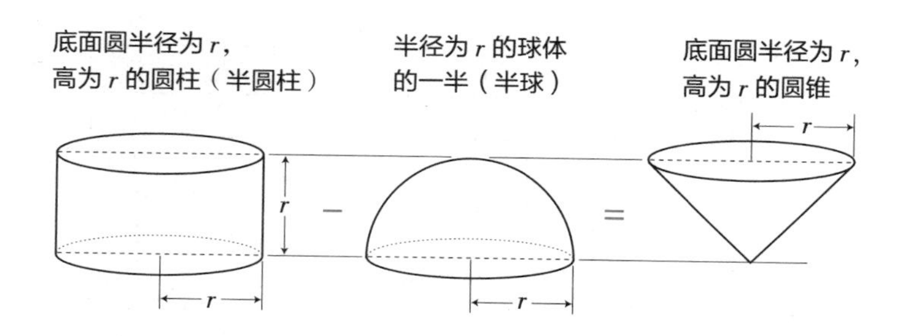

试试卡瓦列利法吧

这里我们还是要用到卡瓦列利法。把上图中三个立体图形摆在一起，用高为 $a(0\leqslant a\leqslant r)$ 的平面将其切开，这时出现的截面形状均为圆形。三个圆的半径分别为：

$$r,\ \sqrt{r^2-a^2},a$$

因此截面圆的面积从左到右依次是：

$$\pi r^2,\pi(r^2-a^2),\pi a^2$$

用半圆柱截面面积减去半球截面面积可得：

$$\pi r^2 - \pi(r^2 - a^2) = \pi a^2$$

这也正是圆锥的截面面积。

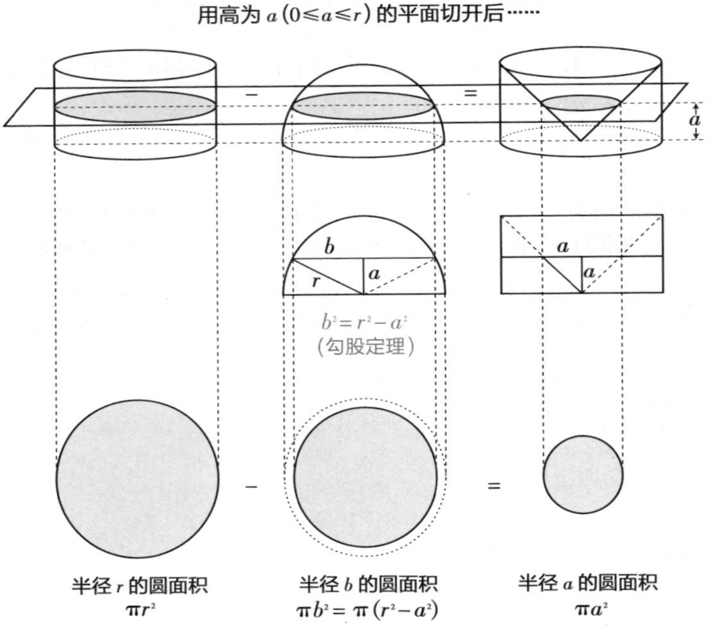

用高为 a (0≤a≤r) 的平面切开后……
−
=
a
b
r
a
a
a
b²=r²−a²
(勾股定理)
−
=
半径 r 的圆面积
πr²
半径 b 的圆面积
πb²=π(r²−a²)
半径 a 的圆面积
πa²

各自用相同高度的平面切开后，三个立体图形的截面面积关系是：

半圆柱 − 半球 = 圆锥

这也就证明了“球的体积等于对应圆柱体积的$\frac{2}{3}$”。

2

10 球的表面积可以从体积算出

想象洋葱表皮

在这一课的最后，让我们来试着计算球体的表面积吧。前面介绍了通过想象卷筒纸的样子从圆周长计算得到圆面积的方法，这里我们还要用到类似的方法。

不过这次就不是卷筒纸了，请大家想象一下洋葱表皮的样子。

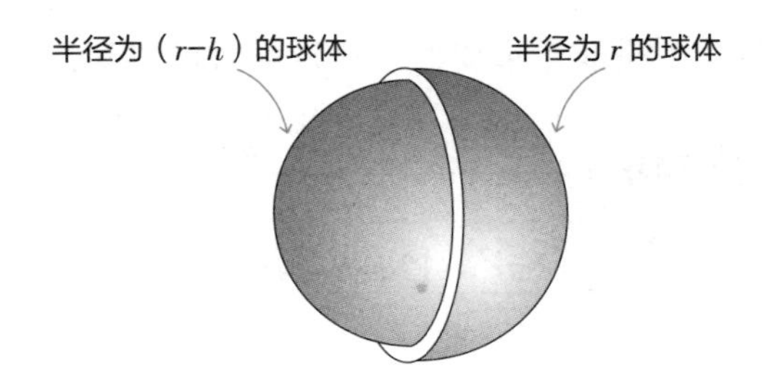

图中为了看到内部结构，将外面一层薄球壳切去了一半，但实际上请大家想象一个完全包裹住球体表面的厚度为 h 的球壳。另外图中由于插画的限制，将薄球壳画出了一定的厚度，但实际想象中请认为球壳是“非常非常薄”的。

尝试计算薄球壳的体积

根据上面的条件，这层薄球壳的体积可以由下式表示出来：

薄球壳体积 $=$ **半径为** r **的球体体积** $-$ **半径为** $(r-h)$ **的球体体积**

$$=\frac{4\pi r^3}{3}-\frac{4\pi(r-h)^3}{3}$$

$$=\frac{4\pi r^3-4\pi r^3+12\pi r^2h-12\pi rh^2+4\pi h^3}{3}$$

$$=\frac{12\pi r^2h-12\pi rh^2+4\pi h^3}{3}$$

而由于“体积=底面积×高”，所以“底面积=体积÷高”。这也就意味着，上面得到的薄球壳的体积除以厚度 h（相当于高）后，得到的应该就是薄球壳的面积。

严格来说，薄球壳内侧的面积比外侧要稍微小一点，但由于球壳的厚度相当薄，因此这个差别可以无视掉——这种大胆的假设在数学上是非常重要的。这样就可以得到：

薄球壳的面积 $=\frac{12\pi r^2h-12\pi rh^2+4\pi h^3}{3}\div h$

$$=\frac{12\pi r^2-12\pi rh+4\pi h^2}{3}$$

当球壳的厚度 h 趋近于0（超级薄）时，分子中带 h 的项也都会变成0，只留下不含 h 的部分：

薄球壳的面积 $=\frac{12\pi r^2}{3}=4\pi r^2$

就这样，薄球壳的面积（球的表面积）便通过球的体积计算得到了。

第 3 课

方程与因式分解之谜

速算的背后是因式分解

进入初中后我们会学到“因式分解”。所谓因式分解，就是将复杂的式子整理得简单易懂的过程。比如式①～③左边的多项式都比较凌乱，但将它们用括号整理后就会变得十分简洁。

$$a^2+2ab+b^2=\underbrace{(a+b)^2}_{\text{因式}} \cdots\cdots ①$$

$$a^2-2ab+b^2=\underbrace{(a-b)^2}_{\text{因式}} \cdots\cdots ②$$

$$ab^2-ac^2=a(b^2-c^2)=a\underbrace{(b+c)}_{\text{因式}}\underbrace{(b-c)}_{\text{因式}} \cdots\cdots ③$$

其中①～③右边的$(a+b)$和$(a-b)$都是因式，将左边凌乱的多项式整理成因式乘积的过程就叫作“**因式分解**”，因式分解的逆过程则叫作“**展开**”。

展开 ⟷ 因式分解

展开的本质只是单纯的乘法运算，因此只要计算不失误就能轻松得到正确结果。然而因式分解却需要某种“直觉”，能让人感受到仿佛解谜般的乐趣。

此外在解方程时，因式分解能起到非常大的帮助。比如说有一个方程$x^2-4x+3=0$，通过对等号左边进行因式分解：

$$x^2-4x+3=(x-1)(x-3)$$

我们就能直接得到函数 $y=x^2-4x+3$ 所表示的图像的大致形状，也就是当 $x=1$ 或 $x=3$ 时，$y=0$（在 x 轴上）。接着就可以画出下图中的图像。本书将在后面介绍微分的知识，而只要理解了图像的大致形状就能更轻松地对微分进行预测，这时因式分解就是必不可少的一种手段。

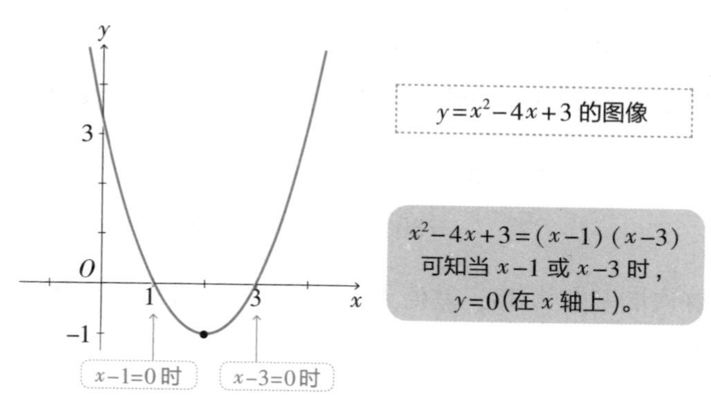

■ 因式分解让作图更简单

能不能变成“a^2-b^2”的形式呢？

因式分解在我们生活中的众多方面都能派上用场，其中之一就是“速算”。

比如说要算“53 个人每人付 47 万元，一共要付多少钱”时，就有人能够迅速算出“一共是 2491 万元”。只需用到因式分解的公式，哪怕不擅长打算盘也能成为速算高手，而意外的是很多人并不知道这一点。其实上面的速算只是利用了这样一个公式：

$$a^2-b^2=(a+b)(a-b)$$

因为是“57 个人每人付 47 万元”，所以可以令基数 $a=50$，差值 $b=3$，那么自然能得到：

$$\begin{aligned}53\times47&=(50+3)\times(50-3)\\&=50^2-3^2=2500-9=2491\end{aligned}$$

50 的平方是 $50\times50=2500$，而 3 的平方是 $3\times3=9$，都是能立刻心算出答案的计算。

以此类推，下面的计算想必大家也能够迅速心算出结果：

$$\begin{aligned}29\times31&=(30-1)\times(30+1)\\&=30^2-1^2=900-1=899\end{aligned}$$

这次的基数为 30，差值为 1，实在是太简单了。那么接下来这些怎么样：

$$\begin{aligned}105\times95&=(100+5)\times(100-5)\\&=100^2-5^2=10000-25=9975\end{aligned}$$

$$\begin{aligned}73\times67&=(70+3)\times(70-3)\\&=70^2-3^2=4900-9=4891\end{aligned}$$

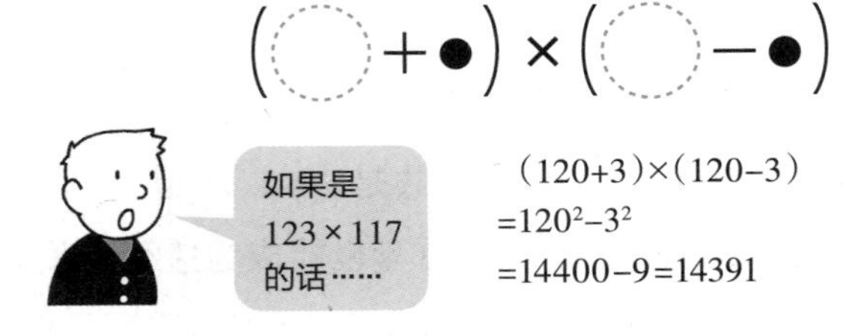

■ 转化为“和与差”的积

44 × 19 也能够瞬间算出来！

大家可能会说，“什么嘛，只有‘a^2-b^2’这一招吗？”那么下面我们就来看看形如 44×19 的算式怎么算。

这个计算虽然没法使用“a^2-b^2”的模式，但可以注意到式中有一个 19，而 19=20−1，所以：

$$44 \times 19 = 44 \times (20-1) = 880 - 44 = 836$$

乘以刚好 20 倍，再减去被乘数本身，这样计算就很简单了。按这个方式还能算出：

$$48 \times 19 = 48 \times (20-1) = 960 - 48 = 912$$

不光是 19，29、39 等数也能利用同样的方式计算：

$$27 \times 29 = 27 \times (30-1) = 810 - 27 = 783$$
$$54 \times 39 = 54 \times (40-1) = 2160 - 54 = 2106$$

计算结果到四位数后可能会有些难度，大家在碰到乘数为 19、29、39、49…的算式时也试着挑战一下吧。

不用乘法便能计算 99 × 72 的速算法

从 19、29…一路算过来，下面就来试试遇到 99 时的有趣速算法吧。

比方说计算 99×72 时，我们把算式的结果分成两个部分：

99×72 = □□○○

其中前面的□□中填入：

□□ = 72 − 1 = 71

而后面的○○中则填入下面计算的结果：

$$○○ = 99 - 72 + 1 = 28$$

所以：

$$99 \times 72 = □□○○ = 7128$$

这个结果到底正不正确，还请各位读者自行用计算器或纸笔进行确认。

我们再试一个，如果是 99×57，则是：

$$□□ = 57 - 1 = 56,\ ○○ = 99 - 57 + 1 = 43$$

$$99 \times 57 = □□○○ = 5643$$

怎么样，这种方式完全用不到乘法，仅靠加减就能进行计算。

现在就来揭露谜底吧，如果把跟 99 相乘的数记作 A，那么 A 必须满足 $A \leqslant 99$ 的条件。

$$\begin{aligned} 99 \times A &= (100 - 1) \times A \\ &= 100A - A \\ &= 100A - 100 + 100 - A \\ &= (A - 1) \times 100 + (99 - A + 1) \end{aligned}$$

关于式子后半部分的（$99 - A + 1$），有人会觉得记成（$100 - A$）更简单，这也没问题。只要利用到式中出现的 99，记住便于自己使用的方法能够顺畅计算即可。

学会以后有人可能会觉得这只是小菜一碟，但速算的背后需要对因式分解和十进制中便于计算的数（比如 100、20 等）进行深入观察和理解，大家要不要试着利用这些思路自己去构思一种速算法呢？

魔法般的求根公式——公开竞赛时的秘密武器

方程有许多种，既有 $5x+3=8$ 这种一次方程（x 的次数为 1），也有 $x^2-5x+6=0$ 这种 x 的最高次项为 x^2 的二次方程。在解二次方程时我们可以使用因式分解，但若碰到像 $91x^2-311x+198=0$ 这样的方程，走因式分解的路子就变得十分困难了。

这种情况下，其实存在一种只需按部就班便能轻松解出答案的魔法公式，这就是“**求根公式**”。

推导魔法般的求根公式

首先我们来尝试推导出这个公式吧。

求解二次方程即是从其标准形式 $ax^2+bx+c=0$（其中 $a\neq0$）开始解出 x 的值，这里把方程转换为如下形式是进行推导的要点：

$$\triangle(x+\square)^2=\bigcirc$$

简单来说，就是希望方程变成“某个整体的平方等于另一个数”的形式。这是因为方程变成 $\triangle(x+\square)^2=\bigcirc$ 的样子后，只要在等号两边同时开根号就能得到：

$$\sqrt{\triangle}(x+\square)=\pm\sqrt{\bigcirc}$$

而这是关于 x 的一次方程，只要进行简单移项就能求出 x 的值。差不多也有头绪了，我们就来实际操作一下吧：

$$ax^2+bx+c=a\left(x^2+\frac{b}{a}x\right)+c$$
$$=a\left(x+\frac{b}{2a}\right)^2-\frac{b^2}{4a}+c=0$$

进行移项后可得：

$$a\left(x+\frac{b}{2a}\right)^2=\frac{b^2}{4a}-c=\frac{b^2-4ac}{4a}$$

看着有点眼熟，没错，这就是刚才所说的$\triangle(x+\square)^2=\bigcirc$的形式。

$$\boxed{a\left(x+\frac{b}{2a}\right)^2}=\frac{b^2}{4a}-c\ \boxed{=\frac{b^2-4ac}{4a}}$$

↑ $\triangle(x+\square)^2$　　↑ $=\bigcirc$

这里在等号两边同时除以 a，有：

$$\left(x+\frac{b}{2a}\right)^2=\frac{b^2-4ac}{4a^2}$$

再对等号两边同时开方，可得：

$$x+\frac{b}{2a}=\pm\frac{\sqrt{b^2-4ac}}{2a}$$

由于是开方运算，因此右边的解也会出现两个（一正一负）。进一步移项后可得：

$$x=-\frac{b}{2a}\pm\frac{\sqrt{b^2-4ac}}{2a}=\frac{-b\pm\sqrt{b^2-4ac}}{2a}$$

这样我们就推导出了“求根公式”。

求根公式：　　$x = \dfrac{-b \pm \sqrt{b^2 - 4ac}}{2a}$

这真是“魔法的公式”吗？我们把它代入之前的 $91x^2 - 311x + 198 = 0$ 来验证一下：

$$x = \frac{-(-311) \pm \sqrt{(-311)^2 - 4 \times 91 \times 198}}{2 \times 91}$$

$$= \frac{311 \pm \sqrt{24649}}{182} = \frac{311 \pm 157}{182}$$

所以 $x = \dfrac{18}{7}$ 或 $\dfrac{11}{13}$

这种方程用因式分解来算实在是难为人，但用求根公式来算却能轻松解决。

三次方程的求根公式呢?

既然二次方程有求根公式，那么三次方程、四次方程、五次方程……也会有求根公式吗？

关于三次方程求根公式的发现者，到底是塔尔塔利亚（约 1500—1557）还是卡尔达诺（1501—1576）仍存在着著作权争议问题。

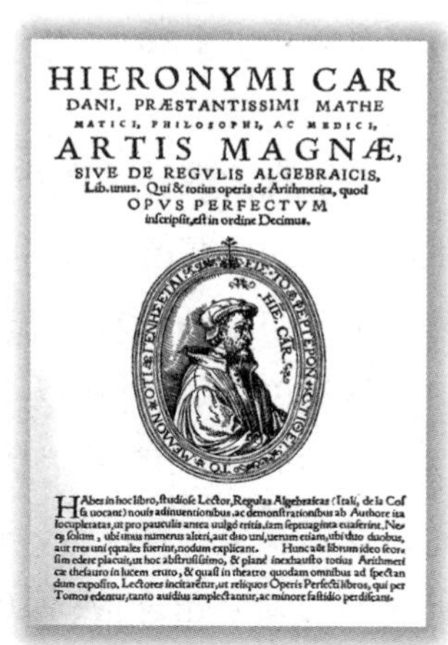
HIERONYMI CAR
DANI, PRÆSTANTISSIMI MATHE
MATICI, PHILOSOPHI, AC MEDICI,
ARTIS MAGNÆ,
SIVE DE REGVLIS ALGEBRAICIS,
Lib. unus. Qui & totius operis de Arithmetica, quod
OPVS PERFECTVM
inscripsit, est in ordine Decimus.

HAbes in hoc libro, studiose Lector, Regulas Algebraicas (Itali, de la Cosa uocant) nouis adinuentionibus, ac demonstrationibus ab Authore ita locupletatas, ut pro pauculis antea uulgò tritis, iam septuaginta euaserint. Neque solum, ubi unus numerus alteri, aut duo uni, uerum etiam, ubi duo duobus, aut tres uni æquales fuerint, nodum explicant. Hunc aût librum ideo seorsim edere placuit, ut hoc abstrusissimo, & planè inexhausto totius Arithmeticæ thesauro in lucem eruto, & quasi in theatro quodam omnibus ad spectandum exposito, Lectores incitarentur, ut reliquos Operis Perfecti libros, qui per Tomos edentur, tanto auidius amplectantur, ac minore fastidio perdiscant.

■ 卡尔达诺的著作《大衍术》的封面

在 16 世纪的欧洲，数学家之间会互相给对方提出难题，其中大多会以公开竞赛的方式进行。那时三次方程的求根公式还不为人所知，解出这个难题可以说是获得竞赛胜利的关键点所在。

当时传言塔尔塔利亚发现了三次方程的求根公式，因此很多人蜂拥而至，希望他把这个解法教给大家。最后塔尔塔利亚以“不公开解法”的条件将这个求根公式告诉了卡尔达诺，然而卡尔达诺却违背了誓言，在自己的著作《大衍术》中公开了这个解法。只不过在这本书中，他明确表示这三次方程的解法是通过塔尔塔利亚和费罗的研究发现的（并非自己完成），另外卡尔达诺还反驳道自己并没有跟谁约定不会公开发表这一解法。

到底哪边说的才是真话，到现在我们已经无从得知。但借由《大衍术》中发表的三次方程解法，卡尔达诺的确在历史上留下了划时代的功绩。

他的功绩之一是广泛传播了“虚数”的概念。另一个功绩是他打破了当时重要解法只会一脉相传（师傅传弟子）的普遍做法，而开创了“通过书籍让众多人获得知识”的先河。从这个意义上来说，卡尔达诺为数学界做出的贡献可以说是巨大的。

除了身为数学家之外，卡尔达诺还是医生和占星术师。医生的他作为伤寒的发现者而广为人知；而作为占星术师，他预言出了“自己的忌日”并成功实现了这个预言。

另外关于五次及以上的方程，已经由阿贝尔（1802—1829）的研究证明了“代数上的求解是不可能的”。从那之后，发现 n 次方程求根公式的竞赛便落下了帷幕。为了宣扬阿贝尔的功绩并纪念他的200周年诞辰，人们于2001年设立了一项新的数学奖——“阿贝尔奖”（奖金约700万人民币）。

函数是如何运作的?

函数的运作如下图所示。其中输入部分是 x，将 x 放入函数（黑箱）$f(\ )$ 的括号内进行某种处理后（比如乘以 2，或是乘以 5 除以 2 之类），最后将结果作为 y 输出。

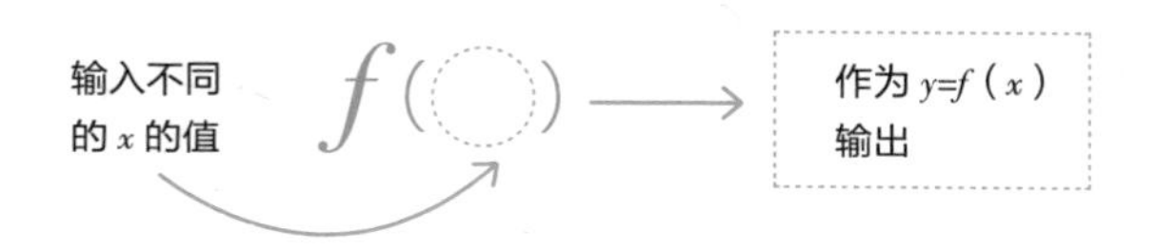

■ 函数 $f(\ )$ 的功能——转换 x 的值

由于具备这样的功能（function），函数 $f(x)$ 的符号也正是来自其首字母缩写。下面我们来实际应用一下看看吧。

当 $y=f(x)=3x+1$ 时，$x=-1$、3、5 对应的函数值分别为：

$$f(-1)=3\times(-1)+1=-2$$
$$f(3)=3\times3+1=10$$
$$f(5)=3\times5+1=16$$

当 $y=f(x)=x^2+3$ 时，$x=-2$、1、3 对应的函数值分别为：

$$f(-2)=(-2)^2+3=4+3=7$$
$$f(1)=1^2+3=4$$
$$f(3)=3^2+3=12$$

由于函数中输入的 x 会发生各种各样的变化，因此 x 也叫作函数的“自变量”。

专栏

用"假设×假设……"的思考方式解析这个世界

出生于意大利的恩里克·费米是年仅37岁就获得了诺贝尔奖的天才物理学家，他在流亡美国后（他的夫人是犹太人，受到了墨索里尼的迫害）成功完成了人类史上首次可控核裂变反应，也因此而在科学史上青史留名。费米自己的名字也在相关领域的各个地方留下了痕迹，比如元素镄、费米增殖反应堆、费米能级等。

不过除了这些惊人的伟业之外，费米也有一些风格不同的逸闻为人所知。比如在原子弹爆炸试验之时，据说他通过观察面巾纸落下的状态就速算出了爆炸释放能量的大小，完全可以说是一名"估算的专家"。

又比如说，费米曾经在芝加哥居住过一段时间，提出了"芝加哥一共有多少名钢琴调音师"的问题，并在没有任何实际数据的前提下基于理论上的假设推导出了答案。这就是时至今日仍在外资企业面试时频频出现的"费米推定"。

实际上这个"芝加哥调音师"的问题是一个让人不知道从何下手的偏门问题，对于原本就没在芝加哥生活过的我们来说，连准确掌握芝加哥的人口数都是个难题。

不过，我们可以做出如下推定——假设芝加哥的人口有500万，一共有200万户家庭，这个数字与实际相比应该不会有太大的出入。而假设每50户家庭拥有一台钢琴，那一共就是4万台。一名调音师一天可以为1~2台（平均1.5台）钢琴调音，假设一年工作300天，那一个人就可以负责450台钢琴。用4万台除以450，那就是约90名调音师。

$$40000 \div (1.5 \times 300) \approx 90$$

因此，我们可以得到芝加哥的钢琴调音师大约有90人的推定，而这至少在大致范围内是正确的，应该不至于有数量级上的出入。

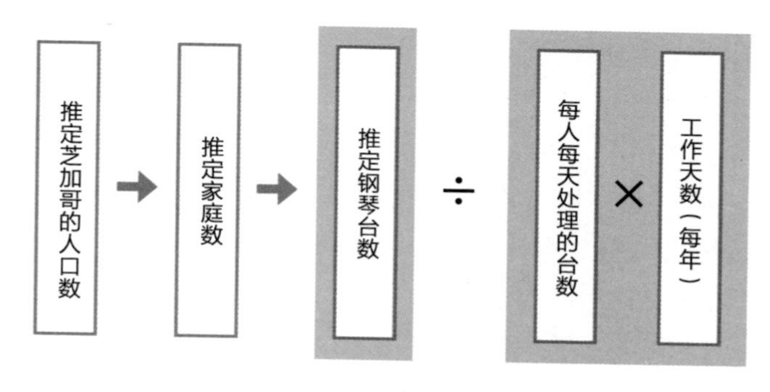

此外，在费米居住的20世纪四五十年代，芝加哥的实际人口大约是350万人。

通过这个方法，我们就可以在大致的数量级上推算出某个新兴领域的市场大小。当然这里多少要对结果的“严密性”做出一定的放宽。

第4课

骗局背后的概率与统计

4-1 一个不漏地列出“排列组合”

一共有几条路线呢？（加法原理）

假设有下图这样的道路，从 A 出发到达 I 一共有几条路线呢（不能往下或往左走）？

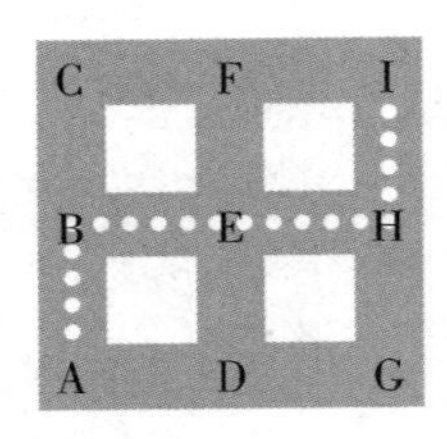

① A ⟶ B ⟶ C ⟶ F ⟶ I
② A ⟶ B ⟶ E ⟶ F ⟶ I
③ A ⟶ B ⟶ E ⟶ H ⟶ I
④ A ⟶ D ⟶ E ⟶ F ⟶ I
⑤ A ⟶ D ⟶ E ⟶ H ⟶ I
⑥ A ⟶ D ⟶ G ⟶ H ⟶ I

反复尝试后，我们可以数出上图右边所示的 6 条路线，但总还是会担心有没有遗漏。这时就可以画出下面的图形来确认，这种图形就叫作“树状图”。

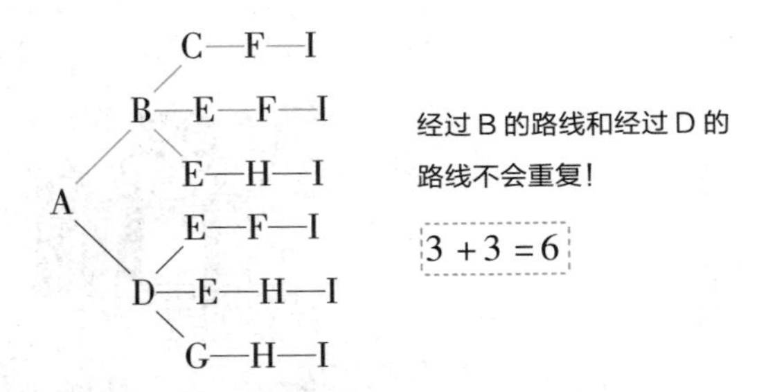

从这个树状图中可以看到，存在 B 的分支和 D 的分支两大路径，而这两个分支并不会重复，因此成立如下计算法则，这也叫作“**加法原理**”。

全部路线（6 条）= 经过 B 的路线（3 条）+
经过 D 的路线（3 条）

乘法原理

那么换成下面的道路又会如何呢？从 A 走到 I 之后，又有一片完全相同的区域，而最后想要走到 Q 点。这种情况下，从 A 到 I 有 6 条路线，而这 6 条路线之后各自又有 6 条路线可以走到 Q。因此，所有的路线数量如下图所示，这就叫作“乘法原理”。

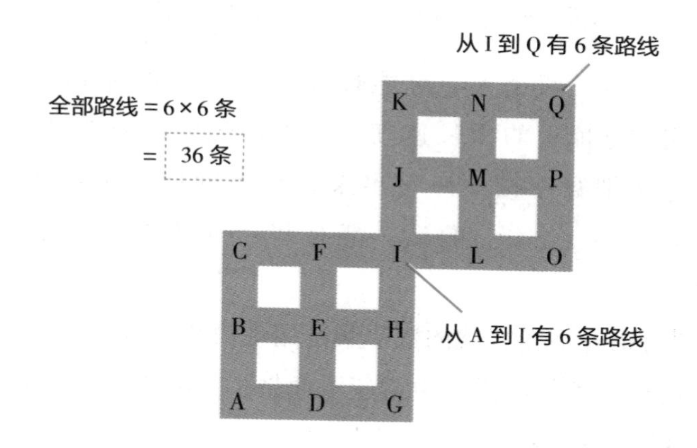

写成阶乘看起来更清爽！

下面我们再设想一种情形，假设有 A 到 E 共 5 个人，请思考一下这 5 个人排成一列的话一共有多少种可能顺序。

排第一位的可以是 5 人中的任意一人，排第二位的可以是除去第一人之外的 4 人中的任意一人，排第三的是剩下 3 人中的任意一人……这样就可以计算出所有的可能性：

$$5\times4\times3\times2\times1=120\text{（种）}$$

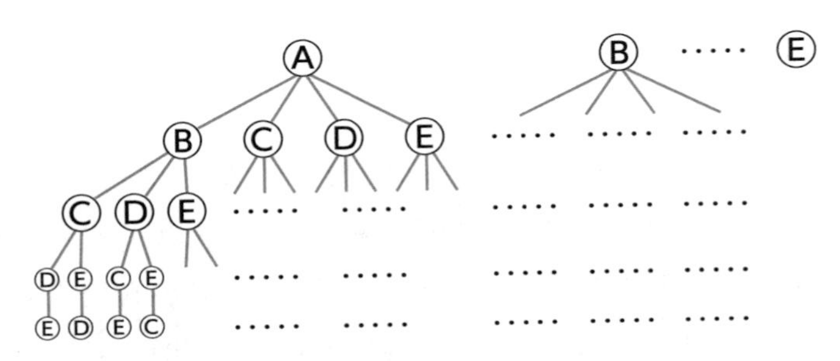

如果有 7 个人来排队就是：

$$7\times6\times5\times4\times3\times2\times1=5040\text{（种）}$$

仅仅多了两个人，可能性就从 120 种增加到了 5040 种，实在是惊人的增长速度。这种增长速度不光很惊人，而且每次把数字按顺序写出来也相当麻烦，如果是 $35\times34\times33\times\cdots\times2\times1$ 的话，都有些让人想要把笔丢到一边了。

为了让这种阶梯状的数字乘法用更简洁的方式书写出来，“!”符号（读作阶乘）也就应运而生了。没错，本书第 1 课也出现过阶乘，在这之后也会经常用到，请大家好好记住这个符号。

$$5\times4\times3\times2\times1=5!\text{（5 的阶乘）}$$

$$13\times12\times11\times\cdots\times3\times2\times1=13!\text{（13 的阶乘）}$$

像这样原本很长的算式就可以写成“5!”和“13!”的形式。如果有 n 个数的乘法。

$$n \times (n-1) \times (n-2) \times \cdots \times 3 \times 2 \times 1$$

我们也完全不用将其一一写出，只需用“$n!$”来表示就一目了然了，实在是既方便又省力。更关键的是，我们再也不用担心中途会不会写错某个数了。

在计算概率时，我们经常需要考虑一共有多少种可能的事件，而其中又有多少种事件符合要求。这时，掌握仿佛为此而生的“排列组合”相关的知识就很有必要了。

4

2 排列与组合的区别

排列也可以用阶乘表示

前一节中我们已经分析了5个人排队的问题。这次我们不需要用到所有人，把问题变成“从5人中选3人排队”的话，结果会变成怎样呢?

先5选1，然后4选1，再3选1就结束了，比之前要简单一些，因此答案是$5\times4\times3=60$种可能。同样地，从10个人中选7个人排队的话就是：

$$10\times9\times8\times7\times6\times5\times4 \cdots\cdots ①$$

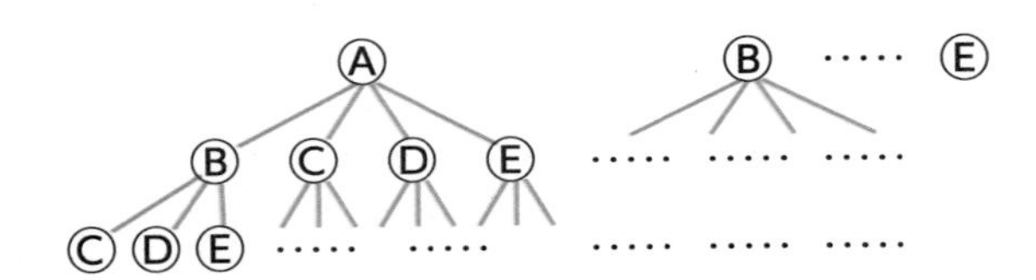

可能有人会这样想：“从10个人选7个人的话，最后不是3结尾吗?”但这里并不是3，而应该是用4（即$10-7+1$）来结尾。这里把式①变形一下用阶乘表示出来后，应该也能减少这种误解：

$$\begin{aligned}&10\times9\times8\times7\times6\times5\times4\\&=\frac{10\times9\times8\times7\times6\times5\times4\times(3\times2\times1)}{(3\times2\times1)}\\&=\frac{10!}{3!}=\frac{10!}{(10-7)!}\end{aligned}$$

顺便一提，像这种“从 n 个人中选出 r 个人排成一列的可能种数”，我们取“按顺序排列”的意义而称其为“排列数”(Permutation)，一般记作P_n^r。[㊀]

$$\text{排列数}P_n^r=\frac{n!}{(n-r)!}$$

组合数等同于“排列数÷阶乘”

请看如下排列方式。3 个人按顺序排列的方式中，从 A 开始的有①ABC 和②ACB 两种，从 B 开始的有③BAC 和④BCA 两种，从 C 开始的有⑤CAB 和⑥CBA 两种，合计有 6 种方式。

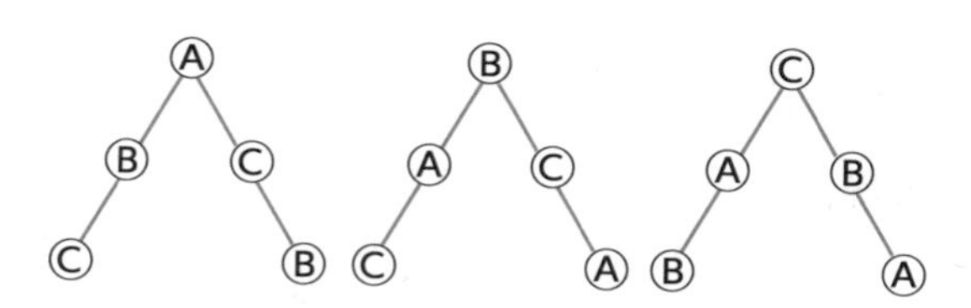

■ 合计有 6 种排列方式，但只有一种 3 人组合

然而这里只有排列方式不同，3 人的人选（组合）却是没有变化的。也就是说，虽然 3 人的排列可能（排列数）有 6 种，但 3 人的人选可能（组合数）却只有 1 种。

类似这种人选的可能种数就叫作“组合数”(Combination)，“从 n 个人中选出 r 个人的可能种数”记作C_n^r。

组合数和排列数有哪些不同呢？一言以蔽之，组合数是

㊀ 我国教材中一般写成 A_n^r，与日版书中不同。——译者注

“无视顺序”的所有可能，而排列数在某一个组合的基础上却还要考虑组合内部顺序的问题。因此 ABC 和 BCA 虽然人选（组合）是相同的，但排列方式却不一样，所以在计算排列数时要算作是两种情况。

话又说回来，排列数P_n^r的计算方式是“①从 n 个人中选出 r 个人，②再对 r 个人进行排序”，比如“从 5 个人中选出 3 个人，再对这 3 个人进行排序”。其中前半的“从 n 个人中选出 r 个人”就等同于组合数C_n^r，而后半的“对 r 个人进行排序”则对应着阶乘（$r!$）。

因此可以认为排列数 = ① × ②，组合数 = ①，其中 r 个人的排列方式 $r!$ = ②，所以有

$$P_n^r = C_n^r \times r!$$

由此可得：

$$C_n^r = \frac{P_n^r}{r!} = \frac{\boxed{\dfrac{n!}{(n-r)!}}}{r!} = \frac{n!}{r!(n-r)!}$$

由排列数公式而来

所以　组合数$C_n^r = \dfrac{n!}{r!(n-r)!}$

利用这个结果，我们就可以算出从 5 个人中选出 3 个人的组合数是：

$$\text{组合数}\quad C_n^r = \frac{n!}{r!(n-r)!} = \frac{5!}{3!(5-3)!} = \frac{5\times4\times3\times2\times1}{3\times2\times1\times2\times1} = 10$$

一共有 10 种可能性，实际上数一数，可以看出确实是有 10 种组合。

①ABC ②ABD ③ABE ④ACD ⑤ACE
⑥ADE ⑦BCD ⑧BCE ⑨BDE ⑩CDE

在碰到排列组合问题时，很多人都会有“这到底是排列还是组合”的烦恼，但如果能理解①和②加在一起即是“排列”，或许发生混淆的情况也会少很多。

①从 n 个人中选出 r 个人⟶组合

②对这 r 个人进行排序⟶$r!$

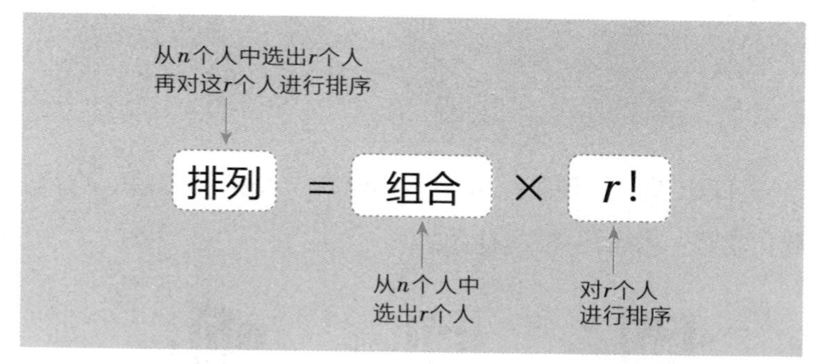

此外在前面我们讲到过“0!”并不是0，而定义为1，这里就来展示一下这么做的原因。

我们知道组合是“从 n 个事物中选出 r 个的组合”，也就是：

$$C_n^r=\frac{n!}{r!(n-r)!}$$

现在假设 $r=n$，那么显然只有1种组合，因此：

$$C_n^n=\frac{n!}{n!(n-n)!}=\frac{\cancel{n!}}{\cancel{n!}0!}=1$$

由此可以看到，只有把0！定义为1，组合数公式在 $r=n$ 或 $r=0$ 的情况下才能够成立，否则就必须分别列出这两种特殊情况下的结果才行，那就相当麻烦了。

通过源氏香的“组合”把玩世界

日本的家纹很多都是以基于具备对称之美的题材来设计的。从这些家纹中，我们有时会发现如、或这般不可思议的设计，这些图形到底是根据什么东西设计而来的呢？是植物吗？还是虫子？

贵族的高雅游戏“香道”

上面出现的三种家纹分别叫作蜻蛉、浮舟和匂宫，均出自《源氏物语》中每一帖的标题。

这些设计最初都是从一种叫作“源氏香”的游戏发展而来的。源氏香类似于品酒，是一种分辨“香”的游戏。

首先准备 5 种类型的香木各 5 袋，合计 25 袋。接着主人（出题者）从中随意挑选出 5 袋，依次点燃让客人（答题者）品闻。

而源氏香这个游戏并不需要回答出每种香木的名称。假设参加者判断出“第 1 袋和第 3 袋是同一种香，第 2 袋和第 4 袋是同一种香，第 5 袋跟其他的都不同”，那么就要按照下面这样在 5 条竖线上画出相应的横线来做出解答。这样画出来的图案就叫作“香图”或“香纹”。

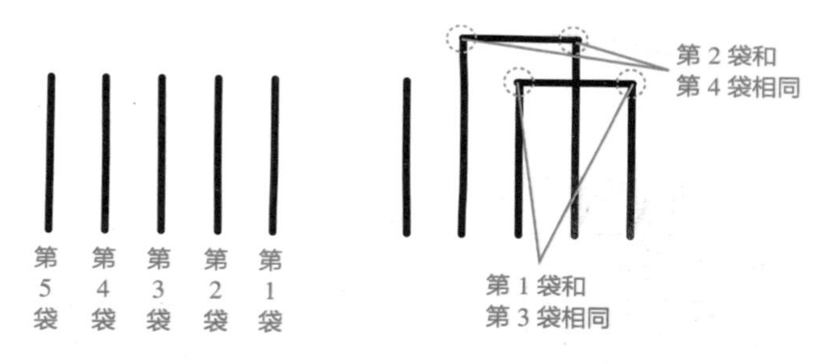

源氏香的规则只有这些。如果参加者认为“第 1 袋和第 3 袋相同，第 2 袋和第 4 袋相同”，那么他只需回答这种香纹的名称“花散里”即可。但实际上画横线的方法也有一些规矩，比如“花散里”一般就画成左下这样。

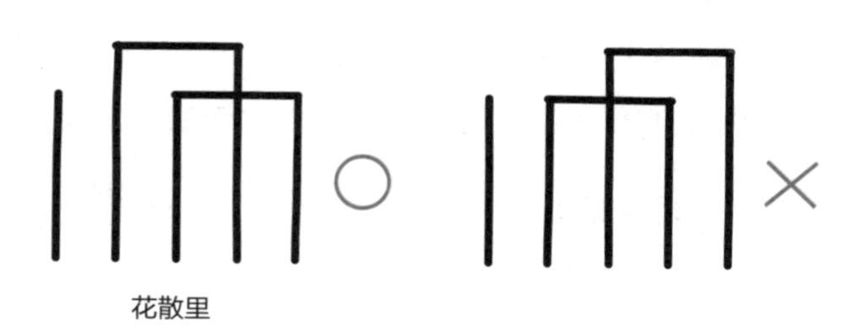

花散里

上图左右两边表达的意义并没有区别。但源氏香被认为是优雅的游戏，即便具有识别香木的能力但若不画成左边这样还是会被认为是“不解风情的家伙”。如果要参加源氏香的游戏，还要好好学习画线的方法才行……

源氏香一共有多少种？

下面言归正传，我们的问题是——从 5 种（A ~ E）各 5 袋香木（共 25 袋）中选出 5 袋，能够闻出来的香纹一共有多少种呢？香木一共有 5 种各 5 袋，如果出现了同一种香木，每一袋的顺序（比如 A1 ~ A5）是无关紧要的，因此这是一个组合的问题。

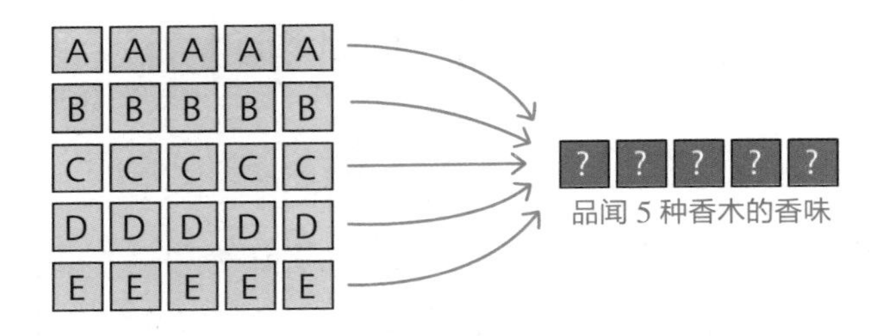

（1） 5 袋香木都是同一种

所有香木都是一种的话，对应的香纹也就只有一种。这时不管是 5 袋香木 A 还是 5 袋香木 B，得到的香纹都是相同的。

如果要通过计算来确定的话，那就是“5 袋（n 袋）香木中选出 5 袋（r 袋）的组合”，利用公式 $C_n^r=\frac{n!}{r!(n-r)!}$，就是 $C_5^5=1$。我们来计算确认一下吧：

$$C_5^5=\frac{5!}{5!(5-5)!}=\frac{5!}{5!\times 0!}=\frac{1}{0!}=1$$

$0!=1$

从5袋香木中选出5袋的方法只有1种

另外，式中分母的 $(5-5)!=0!$ 是作为1计算的。这里 $0!$ 并不等于0，而是等于1（参照上一节）。

（2）4袋香木是同一种

选出的香木中有4袋是相同的，剩下不同的可能是第1袋、第2袋、第3袋……因此一共有5种可能。用组合数的计算来确认的话就是 C_5^4：

$$C_5^4=\frac{5!}{4!(5-4)!}=\frac{5!}{4!\times 1!}=\frac{5\times 4\times 3\times 2\times 1}{4\times 3\times 2\times 1}=5$$

（3）3袋香木是同一种，另外2袋香木也是同一种

根据组合数运算可以得到一共有10种香纹：

$$C_5^3\times C_2^2=\frac{5!}{3!(5-3)!}\times\frac{2!}{2!(2-2)!}=\frac{5!}{3!\times 2!}\times 1=10$$

（4）3袋香木是同一种，剩下的2袋不同

根据组合数运算可以得到一共有10种香纹：

$$C_5^3=\frac{5!}{3!(5-3)!}=\frac{5!}{3!\times 2!}=\frac{5\times 4}{2\times 1}=10$$

（5）2袋香木是同一种，另2袋香木是同一种

这种情况下，前2袋香木和后2袋香木可以互相替换而不改变香纹，因此最后算出的结果要除以2，可以得到一共有15种香纹：

$$C_5^2\times C_3^2\div 2=\frac{5!}{2!(5-2)!}\times\frac{3!}{2!(3-2)!}\div 2$$

$$=\frac{5\times4}{2\times1}\times\frac{3}{1}\div2=30\div2=15$$

（6） 2 袋香木是同一种，剩下的均不同

根据组合数运算可以得到一共有 10 种香纹：

$$C_5^2=\frac{5!}{2!(5-2)!}=\frac{5!}{2!\times3!}=\frac{5\times4}{2\times1}=10$$

（7） 所有的香木均不同

显然这时只有 1 种香纹（帚木）：

$$C_5^0=\frac{5!}{0!(5-0)!}=\frac{5!}{5!}=1$$

综上所述，这个问题的答案是将（1）~（7）的所有情况加起来，一共有 1 +5 +10 +10 +15 +10 +1 =52（种）。

52 种香纹的名称来自《源氏物语》

这 52 种香纹的名称全部来自于《源氏物语》中每一帖的标题。《源氏物语》从桐壶、帚木、空蝉、夕颜开始，中间包括葵、花散里、胡蝶、夕雾、匂宫、浮舟、蜻蛉等，最后结束于手习、梦浮桥，一共有 54 贴。而源氏香中的香纹除去了最初的桐壶和最后的梦浮桥，52 种香纹的名称对应 52 贴的标题。

在考虑源氏香一共有几种香纹时，没有方向地不断尝试很容易出现遗漏和重复。这时若掌握了组合的知识，就能够完整而又不重复地数出来。

桐壶	帚木	空蝉	夕颜	若紫	末摘花
红叶贺	花宴	葵	贤木	花散里	须磨
明石	澪标	蓬生	关屋	绘合	松风
薄云	朝颜	少女	玉鬘	初音	胡蝶
萤	常夏	篝火	野分	行幸	藤袴
真木柱	梅枝	藤里叶	若菜（上）	若菜（下）	柏木
横笛	铃虫	夕雾	御法	幻	匂宫
红梅	竹河	桥姬	椎本	总角	早蕨
宿木	东屋	浮舟	蜻蛉	手习	梦浮桥

4 硬币出现正面的概率真的是$\frac{1}{2}$吗？

中彩票的概率和丢硬币一样是$\frac{1}{2}$吗？

卖彩票的大叔宣称：“这个彩票可不得了！要么中奖要么不中，也就是说有一半的可能会中奖，不买就亏啦，亏大啦！”而有人听了却真的以为彩票有二分之一的可能会中奖……大家印象中有没有这么天真的人呢？

那么，如果我们要反驳这位大叔“这可不对”，要怎么说才好呢？

抛硬币时，基本上都带着“可以认为硬币抛出正面和反面是同等事件”的前提，因此可以说硬币抛出正面和反面的概率也相同，分别是$\frac{1}{2}$。

但彩票的结果虽然也只有“中奖”和“不中”两种，但这两种结果显然不能画等号。假设彩票发行了 1 万张，其中只有 1 张中奖，9999 张都是不中，那么“中奖”和“不中”完全不能说是“同等”的，因为中奖的概率只有$\frac{1}{10000}$。

同样的情形还有考试。“反正考试只有及格和不及格两种结果，所以学不学习通过考试的概率都是一样的。”这种不爱学习的人口中的诡辩，跟卖彩票大叔的歪理邪说是一样的。

通过抛硬币来决定镇长选举?

假设有一个优秀的销售经理，他跟客户沟通后有 5 成的把握拿下订单。这里的 5 成，并不是说这次失败了下次就一定能成功，也不意味着“两次中一定会有一次成功”，而是指在长时间的工作中成功拿到订单的概率接近 50%，完全有可能连着好几次失败，或者连着好几次成功。抛硬币出现正反面的情况也是一样的。

这是因为概率具有“下一次的结果不被上一次的结果所影响（独立事件）”的性质。当然，普通人连续三次业务失败会很沮丧，有可能会影响到下一次的发挥，这里我们姑且不考虑这么深。

那么下面我们来试着解决一个问题，希望大家不要被常识所束缚，仔细进行思考：

“某个镇的镇长选举中两名候选人获得了相同的票数，于是大家决定用抛硬币来确定胜负，而且是一次定胜负。正式开始前公证人先抛了两次硬币，出现的全是正面。为了当上镇长，如果是你的话会赌正面还是会押反面呢？全部条件就是这些。”

“选举拿到相同票数？抛硬币来决定？不可能会有这么奇葩的事情的……”请不要这样想，在 2015 年春季的熊本市议会选举中，争夺议员最后一席的两名候选人就拿到了相同票数，根据相关的选举法，最后决定由两人抽签来确定当选人。虽然是很罕见的案例，但也不能说是完全不可能。

■ 第 3 次抛硬币应该赌哪边?

大多数人的思路应该是这样的：

“硬币出现正面（反面）的概率是$\frac{1}{2}$，但这仅仅是指抛了很多次以后，出现正面（反面）的概率会趋近于$\frac{1}{2}$。所以即便连续两次抛出了正面，也不能说接下来就该轮到反面了，因此最后的答案是‘不知道’……”

这是非常合理的见解，但现在我们必须要选一边让自己获胜，这时候就需要根据某种依据，在“概率更高”的一边下赌注。

寻找判断依据！

正确答案是这里应该赌“出现正面”，原因是现实中并不存在这么一个硬币，它出现正反面的概率都是完美的$\frac{1}{2}$。说到底在这个问题中从头到尾都没有出现过“可以认为出现正面和反面是同等事件”的描述，而这对概率来说是最为关键的前提。既然如此，我们就只能从硬币的实际表现来推测，说不定硬币正面和反面的金属含量存在差异，导致这枚硬币的确更容易出现正面呢？

某些初中数学教科书上会提出“抛塑料瓶的瓶盖时，要如何确定瓶盖向上的概率”的问题，而正如这个问题的答案“实际多抛几次就知道了”一样，在无法断言“硬币出现正反面是同等事件”时，通过实际多抛几次来确定概率就是最好的方法。

在这个镇长选举的抛硬币问题中，这枚硬币连续两次试抛都出现了正面，考虑到这个实际表现，“正面！”才是通向镇长的回答。

概率会发生变化吗?

假设有一位 P 先生喝醉了回家时淋了小雨，西服都湿透了。太太问他“你出门时带的伞去哪了?”时，他也完全想不起来把伞忘在了什么地方，只记得自己分别又去了 A、B、C 三家小酒馆续摊。

太太：“真是拿你没办法。总之肯定是 A ~ C 三家店之一，那么伞忘在某家店的概率就都是$\frac{1}{3}$了。”

P 先生：“啊，对了。我记得离开 A 的时候就下雨了，当时还打了伞的。”

太太：“那就是 B 和 C 二选一咯，概率变成了$\frac{1}{2}$呢。”

这样一来，伞遗落在某个店的概率似乎就变成了$\frac{1}{2}$。

一开始每家店都有$\frac{1}{3}$的概率是伞最后遗落的地方，然而通过 P 先生的回忆（信息）“离开 A 的时候打了伞”，A 酒馆便可以排除在外，B 和 C 的概率便从$\frac{1}{3}$提升到了$\frac{1}{2}$。

硬币和骰子出现某种结果的概率并不会根据新的信息而出现上浮或下降（硬币正反面重量的信息除外），但根据某些事物的性质，概率似乎确实也会发生浮动。

蒙提霍尔问题

概率到底会不会发生变化？引发这个大辩论的就是“蒙提霍尔问题”。在美国的某个电视节目中，有一个名叫蒙提·霍尔的主持人，他主持了一场特别的游戏。

蒙提对参与者是这么说的：

“听好了，在你面前有 A ~ C 三扇门，其中一扇门后放着一辆轿车作为奖品。如果你猜中了藏着车的那扇门，那么门里面的轿车就归你所有。”

而这时参与者选择了 A 门。

“原来如此，你觉得是 A 吗？那我们就先来试试打开 B 门吧……好了，B 门后什么也没有，B 门可以排除了。真是太好了，这样一来轿车就在 A 门或者 C 门的后面。那么现在给你一个机会，你之前的选择是 A，但现在你可以把选择改成 C，或者维持 A 不变。接下来你会怎么办呢？”

参与者是不做更改获得了奖品呢？还是更改了选择后获得了奖品呢？还是……这之后的悲喜剧情就与本书内容没有直接关系了。

是改变选择有利还是维持原样更好？

下面我们进入正题。参与者肯定会想方设法猜中位置，把轿车带回家。由于轿车藏在 A ~ C 的某扇门后，所以可以认为一开始每扇门都各有相同的概率$\left(\frac{1}{3}\right)$藏着轿车。当参与者选择了 A 之后，知道答案的主持人蒙提打开 B 门，向大家展示了“B 门后没有轿车”。

到了这个时候，轿车只可能在 A 门或 C 门后。最初的三个选项由于获得了新信息“B 门后没有轿车”而变成了两个（类似于忘拿伞的例子）。

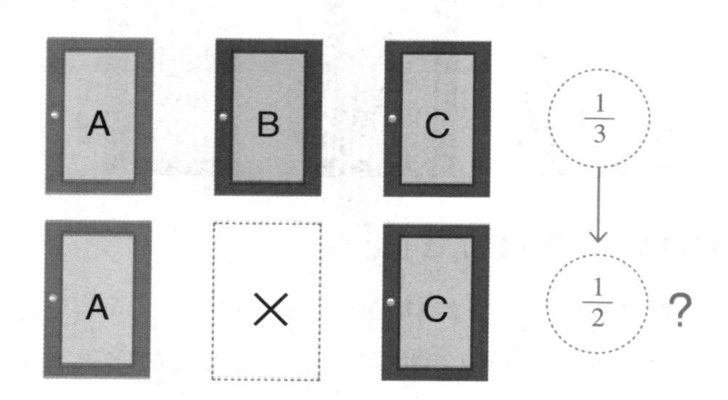

也就是说 A 门和 C 门原本的概率都是$\frac{1}{3}$，但获得新信息后概率变成了$\frac{1}{2}$，因此无论改不改变自己的选择，猜中的概率都是一样的。将参与者微妙的心理状态和内心的动摇先放到一边，既然两边的概率都是相同的，那么做不做出改变也就不会对中奖的概率带来任何变化。

然而，看了这个节目的玛丽莲·沃斯·莎凡特（以 228 的智商被吉尼斯世界纪录认证为全世界智商最高的女性记者）却公开表示"改变选择能让中奖概率变为 2 倍"，因而掀起了一场辩论风暴。

很多人都说："不存在这种事，玛丽莲。还存在 A ~ C 三个选项时，概率都是$\frac{1}{3}$。但在已经得知'B 门后没有轿车'后，A 和 C 的概率就同时变成了$\frac{1}{2}$。'改变最初的选择能让中奖概率变为 2 倍'实在是无稽之谈，你回去从头学学概率是怎么回事吧！"

最终这场辩论也没有争出个结果，直到计算机模拟的结果证明"改变选择能让中奖概率变为 2 倍"，这件事才告一段落。然而这个模拟并不符合我们的直觉，那么让我们来思考一下其中的原理吧。

分成几块，考虑极端案例

按照下面的方式来思考的话，我想应该会更容易理解。首先参与者选择了 A 门，A 门中奖的概率是$\frac{1}{3}$。而剩下的 B 门和 C 门也各有$\frac{1}{3}$的中奖概率，因此参与者没选的 B 门和 C 门合起来就有$\frac{2}{3}$的概率中奖。

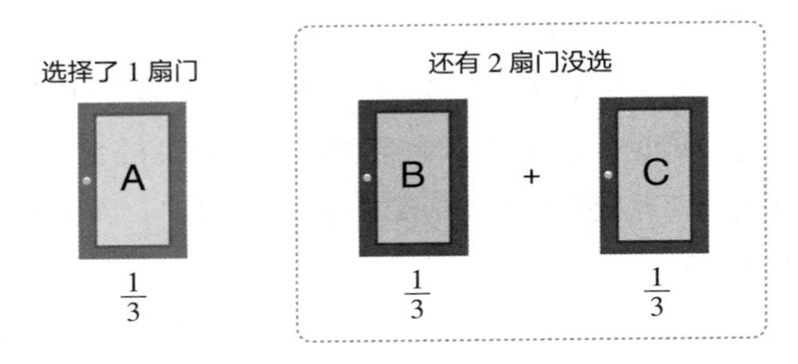

由于主持人蒙提是知道哪扇门后有轿车的，因此他打开了明知后面没车的 B 门。在这一瞬间，B 门和 C 门共同拥有的$\frac{2}{3}$的概率就全部转移到了 C 门上，因此：

$$A:C=\frac{1}{3}:\frac{2}{3}=1:2$$

这就是“参与者改变选择能让中奖概率变为 2 倍”的原理。如果这样还不能够接受的话，那就来考虑一个极端的案例吧。

假设现在不是 3 扇门，而是 100 扇门，奖品轿车还是藏在其中一扇门后。回答者 P 先生选择第 1 扇门时，直接猜中的概率只有可怜的$\frac{1}{100}$，而轿车藏在 P 先生没选的 99 扇门之中某扇门后的概率是$\frac{99}{100}$，也就是 99 倍的差距。

接着在 P 先生没选的剩下 99 扇门之中，主持人一扇扇打开了后面没有车的门："这里没有，这里也没有……"最后一共打开了 98 扇门，只留下了 1 扇。

好了，现在只剩下两扇门。因为是二选一所以两者中奖概率一样，还是 P 先生选的那扇门跟剩下的门之间存在 99 倍的差距呢？

更极端一点，假设有一万张卡片，其中只有一张中奖，而 P 先生只能选一张。不用说，P 先生选的那一张中奖的概率是$\frac{1}{10000}$，而剩下的 9999 张卡片中有中奖那张的概率是$\frac{9999}{10000}$。接着，主持人翻开了其中没中的 9998 张。

说到这个地步，想必大家应该就能够接受"改变选择更好"的说法了吧。

三囚犯悖论

与蒙提霍尔问题相似的，还有一个"三囚犯悖论"。

某一天，监狱决定赦免三名囚犯 A ~ C 之中的一人，但却没告诉他们到底会赦免谁。每名囚犯都有$\frac{1}{3}$的概率得到赦免，他们自然是想方设法都希望得知自己会不会是赦免对象，至少囚犯们都已经察觉到看守是知道赦免人选的。

这时候囚犯 A 开动脑筋，想道：“3 人中只有 1 人赦免，所以除了我之外的 B、C 两人中，至少有一个人是得不到赦免的。既然这样，看守就算告诉我那个不会被赦免的人是谁也不会泄露什么信息。”而看守也觉得很有道理，便回答他 B 不会得到赦免。

于是 A 喜上眉梢，心想：“太好了！我被赦免的概率在询问看守前只有$\frac{1}{3}$，但现在 B 已经不可能，所以我就有$\frac{1}{2}$的概率被赦免了！”

他被赦免的概率真的提高了吗？这是不是空欢喜一场呢？我想大家心中已经有数了。

连续 10 次同样结果就能断定是使诈？

在赌单双中，庄家会扔两个骰子，骰子点数之和为偶数就是“双”，奇数就是“单”。虽然结果可能会出现各种各样的情况，但如果老是出现“双”，人们就会怀疑庄家是不是使了诈。此外，如果最后的结果总是跟赌徒们猜的相反，人们也会觉得这其中是不是有什么问题。

判断一件事到底是不是偶然

不过，这些情况也可以认为是“碰巧”发生的。判断这种情况到底是偶然还是使诈其实是很困难的，比如说“双·双”这样连着两次出现双的可能性是：

$$\frac{1}{2} \times \frac{1}{2} = \frac{1}{4} = 0.25$$

也就是 25%，4 次中就有 1 次，连续出现也不会让人觉得有什么奇怪。不过，如果是“双·双·双·双·双·双”这样连续 6 次的话，概率就变成了：

$$\frac{1}{2} \times \frac{1}{2} \times \frac{1}{2} \times \frac{1}{2} \times \frac{1}{2} \times \frac{1}{2} = 0.015625$$

比 1.5% 稍微高一点，大概在 60 ~ 70 次中才会出现 1 次，因此觉得“可疑 = 使诈”也是人之常情。

问题的关键在于，“因为出现的概率非常低，所以很可疑，一定是使诈”的这种推断是没有说服力的。因为“可疑”的说法太够暧昧，每个人对此的判断都不一样，使诈的人完全可以这样反驳：“虽然是很少见，但这不过是碰巧啦。”因此必须要有一个任何人都能接受的标准才行。

预先“画一条线”

这里我们就需要用某个“数值”划一条明确的底线，超过了这条底线就难以认为是偶然，就认为背后有隐情。关键在于“用数值去判断”。

这条底线一般是划在 5% 的地方，也就是如果发生了 20 次中只会发生 1 次的事件，就可以认为“这并非偶然”。在要求更为严密的情况下，也有将 1% 作为底线的做法。

画出图形来就是下面这样。这个图形叫作“**正态分布曲线**”，考试得分的分布、面包店面包重量的分布等往往都会呈现图中这种对称的情形。图中左右两个狭窄的部分加起来只占约 5%，可以看到 5% 的确是一个足够少见的概率。

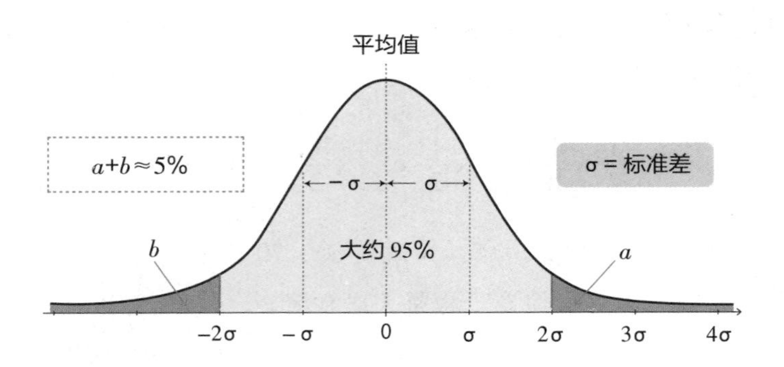

这么看来，“双·双·双·双·双·双”这种连续 6 次出现双的事件只有 1.5% 的概率会发生，低于 5% 的标准，的确可以说是相当罕见（不能认为是碰巧）的事情。

此外，有时候人们还会追求比 5% 或 1% 更高的标准。于 2012 年发现、2013 年被认定为“确实存在”的希格斯粒子就是以 99.9999% 的概率被证实的（出现偶然的概率是 0.0001%），而且这个结果分别由两个研究小组达成，进一步减少了偶然事件的概率。这就是概率在统计学视角上的表现。

偶然的可能性不能全盘否定

还有一个重要的地方是，当我们计算出某件事发生的概率低于 5% 时，认为“这件事的发生很难说是碰巧”是合理的判断，但我们并不能因此就说“这件事绝对不可能碰巧发生”。比方说抛硬币连续出现 6 次正面的概率是$\frac{1}{64}$，不过是 1.5% 左右，低于 5%，但事实上偶尔还是会有这种连续 6 次正面的情况发生。

本书推荐大家在对事件发生的可能性做出判断时划一条 5% 或 1% 的线，但也请各位在大脑中牢记一点，那就是“偶然事件”也有可能会真的发生。

4-7 能否通过相关性探寻因果关系?

具备相关性的事物往往也有因果关系

下图中左边是表示太阳等一系列恒星的质量和光度之间关系的图像，这张图告诉我们质量越大的恒星一般也会越亮，这样的关系就叫作“**正相关**”。

这里的“正”意味着，随着质量的增长，恒星的光度也会不断增加。而这两者之间明显是存在因果关系的。

下图中右边显示的则是“**负相关**”。旅行团的价格越贵，一般参加者的人数也就越少。虽然一部分豪华路线可能会很有人气，但一般来说可以预想实际情况会是一个往右下滑的形状。这两者之间似乎也具有因果关系。

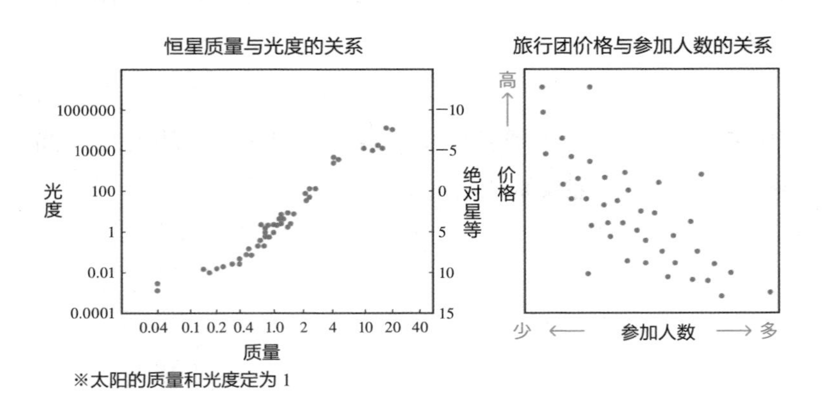

※太阳的质量和光度定为 1

请看下面三种图像。其中左边图中所有的点都散乱无章，这种情况就叫作“没有相关性”。如果出现在某种商品或服务上，就表示即便价格发生上涨或下降，也不会给购买或接受服务的人数带来显著的影响。容易让人混淆的是中间和右边的图，虽然看上去似乎有着某种相关，但这两张图其实都没有表现出相关性。

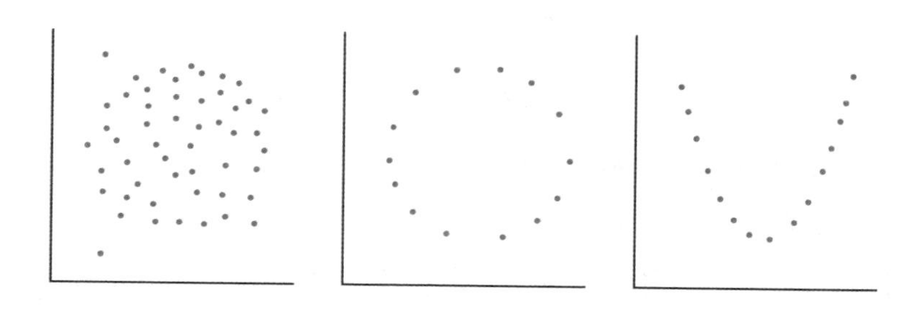

我们所说的相关性，仅仅指当 x 增长时 y 也随之增长（正相关），或当 x 增长时 y 随之减少（负相关）这两种线性的情况。

发现意想不到的相关性！怎么办？

请观察下页左边的图像（正相关），我们假设图中展示的是一个镇子里便利店的数量和牙医门诊数量的关系。如果有人看了图之后，说道：“一定是便利店自动门开关的声音导致大家牙齿不好，镇上有这么多牙医门诊，铁定就是这个缘故。”你怎么认为呢？

请再看一下右边的图像（负相关），假设图中展示的是冰淇淋的销售量和患感冒的人数（每个月）的关系。于是某个研究员据此认为“虽然还不明白具体原理，但冰淇淋一定具有治疗感冒、解毒的功效”，并向学术杂志投了稿，不过这恐怕并不会被发表出来。这个例子你又怎么看呢？

光从这两幅图上看，的确展示了正相关和负相关的样子。然而哪怕看似存在相关性，我们也不能说一定就会有上述因果关系。

便利店和牙医门诊的数量跟当地人口（购买力）之间存在很大关系，这才是更为合理的思路。说到底自动门又不是便利店独有的，其他商店、医院、市政府等地方也不缺自动门。而感冒跟冰淇淋之间也不能说有因果关系，感冒在冬季高发，冰淇淋在酷热的夏季卖得多，因此两者呈现出了负相关的态势，这种想法才更加正常。

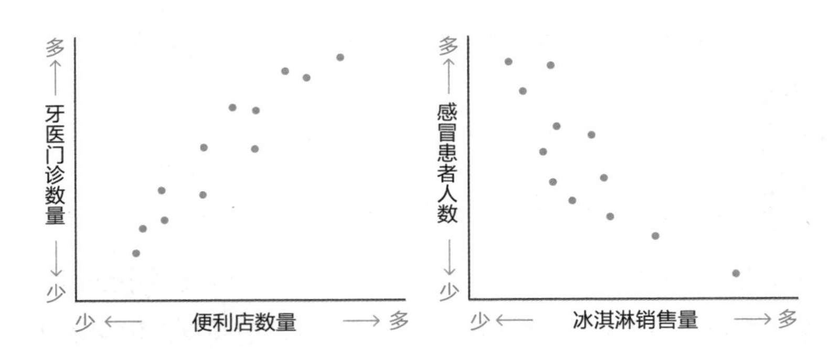

由第三方因素导致的“伪相关”

上面两幅图各自表现出了正相关和负相关的形状，看似图中两者之间存在因果关系，但在图像的背后，还隐藏着人口、季节等第三方因素。而这第三方因素碰巧为图中的两个事物带来了很像的相关性，所谓因果关系只不过是看上去的假象罢了。像这种其实没有任何因果关系存在的相关性就叫作“伪相关”。

比如说光看下图似乎可以得到“脚越大的小学生知道越多的汉字”的结论，但这可能只是因为年级越高，小学生的脚就越大，学到的汉字越多罢了。

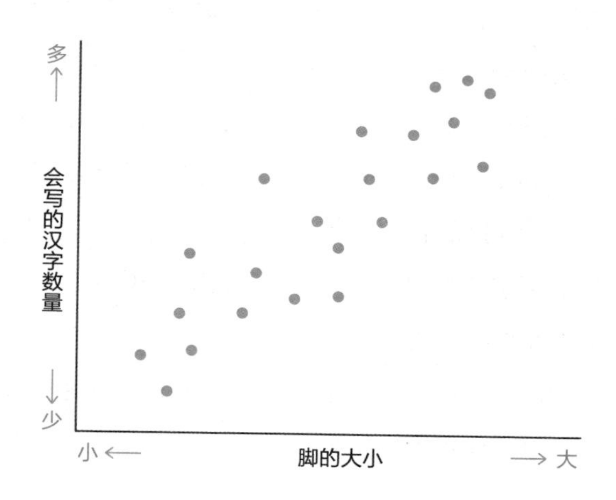

当我们看到干净漂亮的相关性图像时，一不小心就会产生“发现影响销售额的问题了！”“找到符合顾客偏好的数据了！”的念头。但我们必须要时刻带着怀疑的眼光，仔细确认这究竟是不是伪相关。带着这样的视角去审视销售资料，背后的第三方因素也就会逐渐浮出水面。

令 C 部长陷入绝望的检查结果

一直以来都很开朗的 C 部长最近十分沮丧。询问他到底怎么了，他说："之前不太舒服就去医院做了个全面检查。负责的医生是我小学时的哥们，他说最近进了一批能够检测出发病率万分之一的疑难病 W 的药剂，问我要不要试试。没想到我测了一下结果居然是阳性，这可怎么办……"

根据 C 部长的说明，疑难病 W 的确是 1 万人中只有 1 人发病的罕见病症，而新的检测药剂发现 W 病患者的准确性是 99%。这个精度可以说是相当高了，不过原本得了 W 病的患者仍有 1% 的可能性检测出阴性，而没有患 W 病的健康人也有 1% 的可能性误诊出阳性。

那么 C 部长真的患上了疑难病 W 的概率到底应该是多少呢？是 99% 吗？答案并非如此。

越是疑难病越容易误诊……

首先我们先来确认全日本患有这种疑难病 W 的患者有多少人，计算时可以一边把这些数据画在图上。

由于疑难病 W 的发病率是万分之一，因此若粗略认为日本人口为 1 亿的话，那么可以推测出全国共有 1 万名患者（下页图中①+②）。而没有患病的健康人数就是：

1 亿 − 1 万 = 9999 万（③+④）

这其中会有 1% 会被误诊为阳性，这部分人数是：

$$9999\text{万} \times 0.01 = 999900$$

而尽管推测出真正的患者有 1 万人，但由于检测的精度是 99%，因此在 1 万人中只有 9900（10000 × 0.99）人会出现阳性结果（①），剩下的 100 人（②）则是患了病却被漏诊的阴性结果，这部分才更让人担心。那么现在我们就来解决 C 部长的烦恼吧。

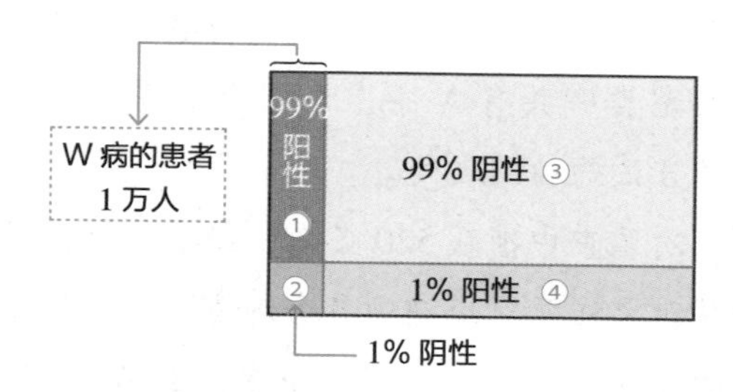

检测出阳性的总人数 = 999900（④）+ 9900（①）
= 1009800
其中疑难病 W 的实际患者 = 9900（①）

因此，C 部长真正罹患疑难病 W 的概率是：

$$\frac{9900}{1009800} \times 100\% \approx 0.9803922\%$$

别说 99% 了，连 1% 的概率都还不到。这样一算，我们可以看到越是患病人数少的疑难杂症，出现错误阳性结果的比例就会越高。

另外，C 部长之后又去检查了一次，据说最后的结果是阴性。

专栏

推测湖中鱼类的数量

在出于学术目的或地方保护的环境调查中，有时会需要调查在某地生活着哪些鸟类和鱼类及其各自的种群数量。对于类似于信天翁这种只生活在特定岛屿的鸟类，我们或许还可以通过望远镜来掌握正确的数量，但河中或湖中的鱼类就没那么好调查了。

有一种利用简单的推测来进行鱼类数量调查的方法。假设某个湖中生活的鱼类一共有 N 条，而调查则需要分成两次进行，这也是这种方法的独到之处。

首先在第一次调查中捕获 520 条鱼，给它们做上标记后再放归湖中。捕获时要注意对应湖的各个地方、各个深度，不要有遗漏。捕获的 520 条鱼究竟占到湖中鱼总量 N 的多少比例，在现在这个阶段还无从得知。

将鱼放归湖中后，当可以认为它们已经充分地混入整个种群中时，就可以进行第二次调查了。

假设第二次调查捕获了 800 条鱼，接下来就要数出其中有多少带有标记。如果数出来是 35 条，那么大家应该能注意到这些数量存在如下关系：

$$\text{湖中鱼类的总数}\ (N):800=520:35$$

通过这个关系式，我们就可以简单得推算出湖中鱼的总量约为 11886 条。

近年来，据说还有一种从湖水溶解的鱼类 DNA 中推测种群数量的方法。

第 5 课
神奇的指数和对数

通往究极大的世界和超微小的时间

在“宇宙”这个词中，“宇”代表广阔的空间，而“宙”则代表从过去到现在再到未来的悠久时间。

宇宙空间浩瀚而不可测，诞生至今的时间也久远得超乎想象。不知是否出于这个缘故，当用来表示宇宙的大小和时间时，数的右上角经常会带着一个更小的数，就像是 10^5m 或者 10^{20}秒这样。这种形式表示的数就叫作“乘方”或者“幂”，右上角的数叫作“指数”。

用指数形式来测量浩瀚宇宙

下面我们就通过宇宙的“宇”，也就是浩瀚的宇宙空间来看看指数的力量吧。这里假设人的身高是 1m，或许有人觉得人的身高应该是 1.5 ~ 1.8m，但粗略考虑的话由于 $10^0=1$、$10^1=10$，所以可以认为 1m 是最接近真实（数量级）的数据。

接着我们把下列长度（数量级）用指数表示出来。

- 人类的身高 $=10^0$m
- 地球的直径 $=10^7$m
- 太阳系的半径（截止到海王星）$=10^{12}$m
- 1 光年 $=10^{15}$m

- 银河系的直径（10万光年）$=10^{21}$m
- 仙女星系离银河系的距离（250万光年）$=10^{22}$m

如果不用这种方式写的话，银河系的直径就是1000000000000000000000m，不光写起来很麻烦，数出有几个0也相当费神。而用指数写出来的话十分轻松，0的位数也表达得很清楚。

指数也有可能是负数

接下来我们基于宇宙的“宙”也就是时间，来看看极短的时间所代表的“负指数”吧。指数不光可以是正的，其实也可以是负的。

宇宙诞生于大约138亿年前，科学家们认为在诞生后的一瞬间，在极短的$10^{-36}\sim10^{-34}$秒后，宇宙就完成了惊人的急速膨胀。

宇宙到底膨胀到了多大呢？根据一种说法，若宇宙最初只有一粒玻璃珠大小，那么在下一瞬间，宇宙就变成了银河系那么大，因此宇宙高速膨胀的速度是远远超过光速的，这一时期也被称作宇宙的“暴胀期”。

这里值得我们关注的是“10^{-36}秒”这一表述，指数在这里变成了负数。“负数？负指数追溯到过去的时间了吗？”当然不是这样，用数轴来表示的话，负指数只是代表比10^0秒=1秒更短的时间，并不是回到了过去。例如10^{-36}就等于$\frac{1}{10^{36}}$，这一点将在之后的小节中进行说明。

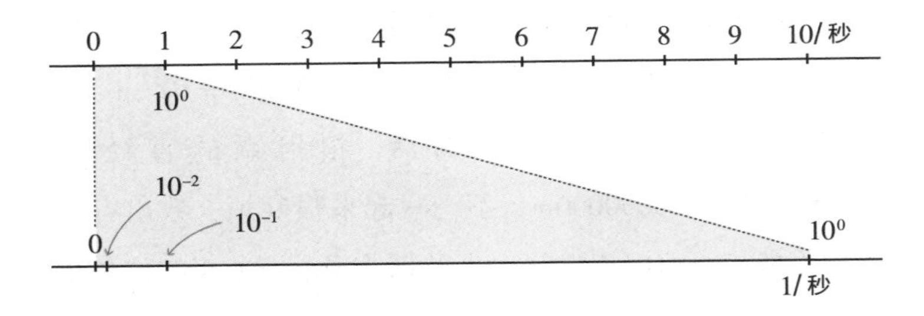

宇宙的暴胀期结束后，时间也才刚刚来到宇宙诞生后 10^{-34}秒，10^{-4}秒后质子和中子开始形成，而 10^{-4}秒也不过是 0.0001 秒而已。

就这样总算走完 1 秒（10^{0}秒），来到 38 万年（3.8×10^{5}年）后，在那之前受到电子等粒子的阻碍而导致光线无法直线传播的宇宙空间开始产生氢原子（质子捕获电子），宇宙变得通透了起来（宇宙放晴）。而宇宙大爆炸 138 亿年（1.38×10^{10}年）后的世界就是我们现在的样子。

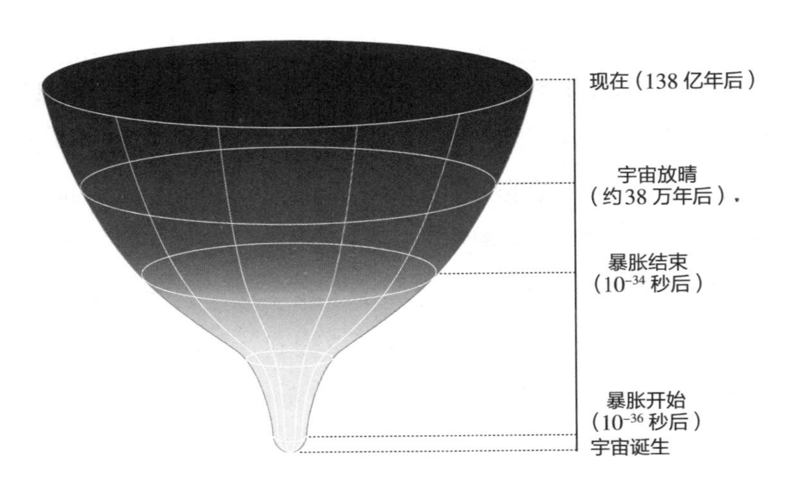

5-2 指数运算的简单法则

在表示极大的数和极小的数时，用指数是非常便利的。通过指数，我们可以简略表示出同一个数的多次相乘，就像$10\times10=10^2$、$10\times10\times10=10^3$ 等。

不仅限于 10，其他的数同样可用指数来表示，比如$2\times2\times2\times2\times2=2^5$、$7\times7\times7=7^3$ 等。

10^0 是多少？10^{-4} 又是多大？

那么，10^0 就是“把 10 乘以 0 次”吗？而像 10^{-4} 这样的负指数，是不是意味着“把 10 乘了负 4 次”呢？实在是让人摸不着头脑。关于 0 次方的问题我们已经在前面进行过说明，这里再回顾一下。我们用 $7^5\div7^5$ 的例子，在这个例子中：

$$7^5\div7^5=\frac{\cancel{7}\times\cancel{7}\times\cancel{7}\times\cancel{7}\times\cancel{7}}{\cancel{7}\times\cancel{7}\times\cancel{7}\times\cancel{7}\times\cancel{7}}=1$$

因此 7^0 也就等于 1。

不过当 0 次方变成 1 次方时，就是 $5^1=5$、$7^1=7$、$10^1=10$。同为 1 次方，底数变了之后，乘方的结果也会随之改变。

所有指数中，只有 0 次方是特殊的存在。通过上面的公式我们可以明确看到，不仅 7^0 等于 1，2^0 和 10^0 也等于 1，甚至连 100^0 和 10000^0 也都等于 1。

那么像 10^{-4} 这样指数出现负数时，又是怎样的一种情况呢？

这里用 $10^2 \div 10^3 = 10^{2-3} = 10^{-1}$ 作为例子：

$$10^2 \div 10^3 = \frac{10 \times 10}{10 \times 10 \times 10} = \frac{1}{10}$$

因此可以得到 $10^{-1} = \frac{1}{10}$。当指数为负数时，a^{-m} 就表示 a^m 的倒数 $\frac{1}{a^m}$，所以 10^{-1} 就等于 $\frac{1}{10^1}$，也就是 $\frac{1}{10}$。

指数运算法则：$a^m \div a^n = \frac{a^m}{a^n} = a^{m-n}$

$10^{\frac{1}{2}}$ 又代表什么？

这里还有一个希望大家了解的，那就是像 $10^{\frac{1}{2}}$、$3^{\frac{1}{2}}$ 这样“指数为分数”时的运算法则。如果指数是这样的分数，那只需把 $\frac{1}{2}$ 或 $\frac{1}{3}$ 的分母想办法消掉即可，为此我们可以把原本的数变成 2 次方或 3 次方：

$$\left(10^{\frac{1}{2}}\right)^2 = 10 \quad \left(5^{\frac{1}{3}}\right)^3 = 5$$

这样表示出来就很清楚了，某个数的 $\frac{1}{2}$ 次方代表它的平方根，$\frac{1}{3}$ 次方则代表它的立方根。

指数函数是增长极为迅猛的函数

正如之前所说，a^m 的指数可以是整数、负数或分数等各种各样的形式。a^m 中的 a 被称为底或底数，函数 $y = a^x$ 则叫作以 a 为底的指数函数。

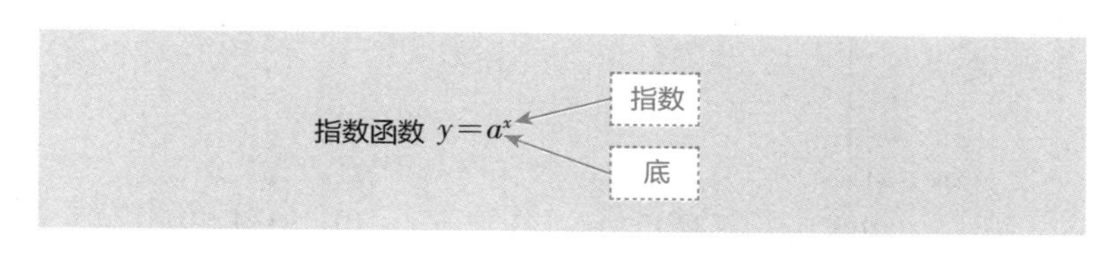

指数函数有着怎样的图像呢，下面我们就来看一看吧。这里先试着画出 $y=2^x$ 的图像。

函数 $y=2^x$ 在 $x=0$ 时的值等于 1。正如上面已经讲到的，任何数的 0 次方都等于 1。此外，我们另取 $x=1$ 或 2 等适当的数值，计算出相应的 y 值填入下面的表中。

通过表格我们可以看到，即便 x 变成了负数，$y=2^x$ 的函数值也只是趋近于 0，而并不会变成负数。然而当 x 变成正数后，$y=2^x$ 的函数值却发生了急剧的增长。

x	…	-3	-2	-1	0	1	2	3	…
$x=2^x$	…	$\frac{1}{8}$	$\frac{1}{4}$	$\frac{1}{2}$	1	2	4	8	…

同样地，这里也列出了另一个指数函数 $y=10^x$ 的数值表：

x	…	-3	-2	-1	0	1	2	3	…
$y=10^x$	…	$\frac{1}{1000}$	$\frac{1}{100}$	$\frac{1}{10}$	1	10	100	1000	…

这两个指数函数画成图形如下页图所示。两个函数在 $x=0$ 时的值都等于 1，而即便 x 的值变成负数，y 的值看起来也确实只是趋近于 0，似乎永远都不会变成负数。

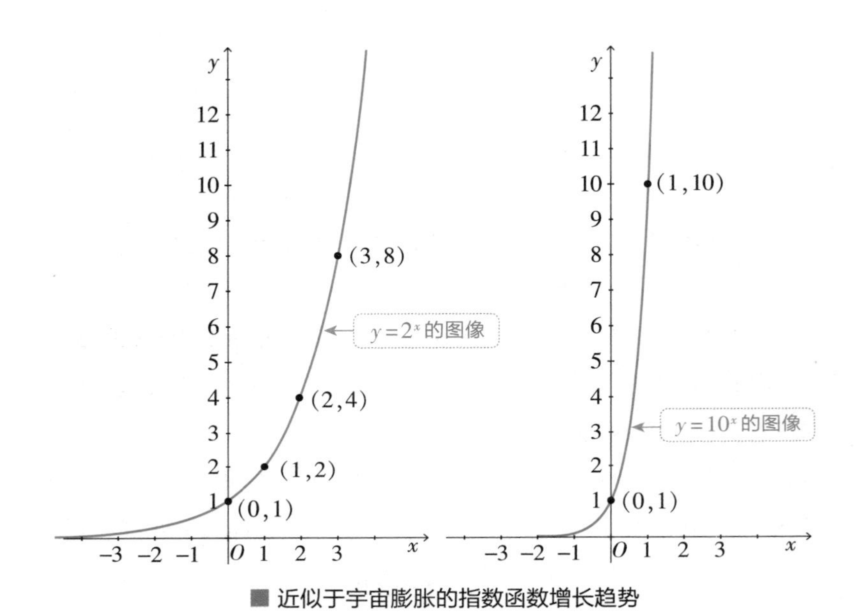

■ 近似于宇宙膨胀的指数函数增长趋势

与 $y=2^x$ 相比，$y=10^x$ 的图像更加“陡峭”。x 在正数的区域稍微增大一点，函数的值立刻就冲出了坐标范围。

《人口论》跟宇宙膨胀的共同点是“指数增长”

英国经济学家罗伯特·马尔萨斯在 1798 年出版的著作《人口论》中做出了“人口会呈几何级数增长，而粮食却只能以算数级数增长”的论断。这里的“几何级数”即是“等比数列”，最后的效果跟指数函数是一样的。

此外上一节提到了宇宙暴胀理论，这个理论最早是由日本科学家佐藤胜彦在 1981 年提出的，当时佐藤就指出宇宙存在“指数函数的膨胀”。宇宙早期膨胀的骇人速度也可以用指数函数来概括，可见指数级膨胀是个多么夸张的概念。

对数轻松告诉我们一个数的位数

数学中不仅有十进制数还有二进制数，但若碰到一个 2^{50} 这样的数，我们连搞清楚它有几位都很困难。想要知道一个数有几位时，对数是个很方便的工具。对数跟指数是成对的关系：

$$x = 10^y \text{ 时} \longrightarrow \boxed{y = \log_{10} x}$$

这就是**对数**的定义。这里 $\log_{10}$ 中的 10 叫作对数的**底或底数**。底数为 10 的对数比较特殊，称为**常用对数**。常用对数的使用频率相当高，因此在使用时可以省略掉底数 10，写成 lg。但如 2 或 3 这样做底数是不可省略的。下面我们来看一些实例：

$x = 10^y$，当 $y = 0$ 时 $x = 1$　　所以 $\lg 1 = \lg 10^0 = 0$

$x = 10^y$，当 $y = 1$ 时 $x = 10$　　所以 $\lg 10 = \lg 10^1 = 1$

$x = 10^y$，当 $y = 2$ 时 $x = 100$　　所以 $\lg 100 = \lg 10^2 = 2$

简单来说就是 $\lg 10^n = n$。

指数与对数互换的训练

那么下面我们来考虑一下，要如何通过对数来得知某个数的位数吧。

首先，在函数 $y = \lg x$（底数为 10）中，假设 x 为 1 位数，也就是：

$$1 \leqslant x < 10$$

取对数后就可以得到：

$$\lg 1 \leqslant \lg x < \lg 10 \longrightarrow 0 \leqslant \lg x < 1 \quad \cdots\cdots\cdots\cdots ①$$

由此我们可以得知：当 x 为 1 位数时，$\lg x$ 会是 0. ×××的形式。“0. ×××”的整数部分为 0，“ ×××”填入小数点后的部分。

接着假设 x 是个 2 位数，也就是：

$$10 \leqslant x < 100$$

取对数后有：

$$\lg 10 \leqslant \lg x < \lg 100 \longrightarrow 1 \leqslant \lg x < 2 \quad \cdots\cdots\cdots\cdots ②$$

因此可得：当 x 是 2 位数时，$\lg x$ 会是 1. ×××的形式，也就是整数部分为 1。

进一步假设 x 是 3 位数，也就是：

$$100 \leqslant x < 1000$$

取对数后有：

$$\lg 100 \leqslant \lg x < \lg 1000 \longrightarrow 2 \leqslant \lg x < 3 \quad \cdots\cdots\cdots\cdots ③$$

因此可得：当 x 是 3 位数时，$\lg x$ 会是 2. ×××的形式，也就是整数部分为 2。整理后我们可以得到：

x 为 1 位数时，$\lg x$ 为 0. ×××的形式
x 为 2 位数时，$\lg x$ 为 1. ×××的形式
x 为 3 位数时，$\lg x$ 为 2. ×××的形式

这里右边的整数部分 0、1、2 叫作对数的“首数”，而小数部分的“ ×××”则叫作对数的“尾数”。这里重要的知识点是：

位数 = 首数（整数部分）+1
尾数 = 实际的精确数字（查对数表而来）

下一节中我们就去看看这里的首数和尾数是如何发挥其巨大作用的吧。

5-4 一张纸对折 100 次就会到宇宙尽头？

请思考下面的问题：

【问题】现在有一张厚度为 0.1mm 的纸，请求出将其对折 100 次后的大致厚度。

对折 1 次后纸就会变成原先的 2 倍（2^1）厚，对折 2 次就是 4 倍（2^2），3 次就是 8 倍（2^3）……到最后对折了 100 次后厚度就会变成最初的 2^{100} 倍。因此答案是 0.1×2^{100}mm，但具体是多厚就不知道了。因此，我们需要把 0.1×2^{100}mm 以 10 的乘方的形式重新写出来。

利用特殊情况简便得到答案

其实 2^{100} 这种特殊的数也可以用简便的方法求出大致数值。下面我们依次列出 2 的乘方：

$2^1 = 2$　　$2^2 = 4$　　$2^3 = 8$

$2^4 = 16$　　$2^5 = 32$　　$2^6 = 64$

$2^7 = 128$　　$2^8 = 256$　　$2^9 = 512$

$2^{10} = 1024\cdots$

其中 $2^{10} = 1024$，这里可以认为它近似等于 1000，利用这点就可以得到：

$$2^{100}=(2^{10})^{10}\approx(10^3)^{10}$$

由此可得 $2^{100}\approx10^{30}$。而纸的初始厚度是 0.1mm，所以对折 100 次后就是 $10^{30}\times0.1\text{mm}=10^{29}\text{mm}$。接着把单位换算成 km，由于 $1\text{km}=1000\text{m}=(1000)^2\text{mm}=10^6\text{mm}$，所以：

$$10^{29}\text{mm}=10^{23}\text{km}$$

那么我们最后回答厚度是 10^{23}km 就可以了。而光在 1 年时间内前进的距离，也就是 1 光年的长度大约是 9.46×10^{12}km，近似看成 10^{13}km，所以：

$$10^{23}\text{km}\approx10^{10}\text{光年}$$

10^{10}光年也就是 100 亿光年。而可观测宇宙的大小由“宇宙的年龄”来决定，现在人类只能观测到约 138 亿光年范围内的宇宙。一张纸对折 100 次的厚度，甚至已经接近了宇宙的边界（实际上人们认为宇宙的大小要超过这个数，其边界扩张到 465 亿光年之外）。

计算指数的位数

然而像刚才这种利用 $2^{100}\approx10^{30}$ 近似的方法只能碰巧为之，并不能用在 7^{30} 或 3^{52} 这种情况下。我们希望获得一种不光能用在 2^{100} 这种特殊情况下，而适用于任何场合的方法（也就是一般化）……这时候就轮到对数出场了，对数的首数和尾数正对应着位数和头几位数的意义。

首先我们先按下列方法获得 0.1×2^{100} 的对数。由于是常用对数，所以底数 10 是被省略掉的：

取 0.1×2^{100} 的对数（lg）⟶ $\lg(0.1\times2^{100})$

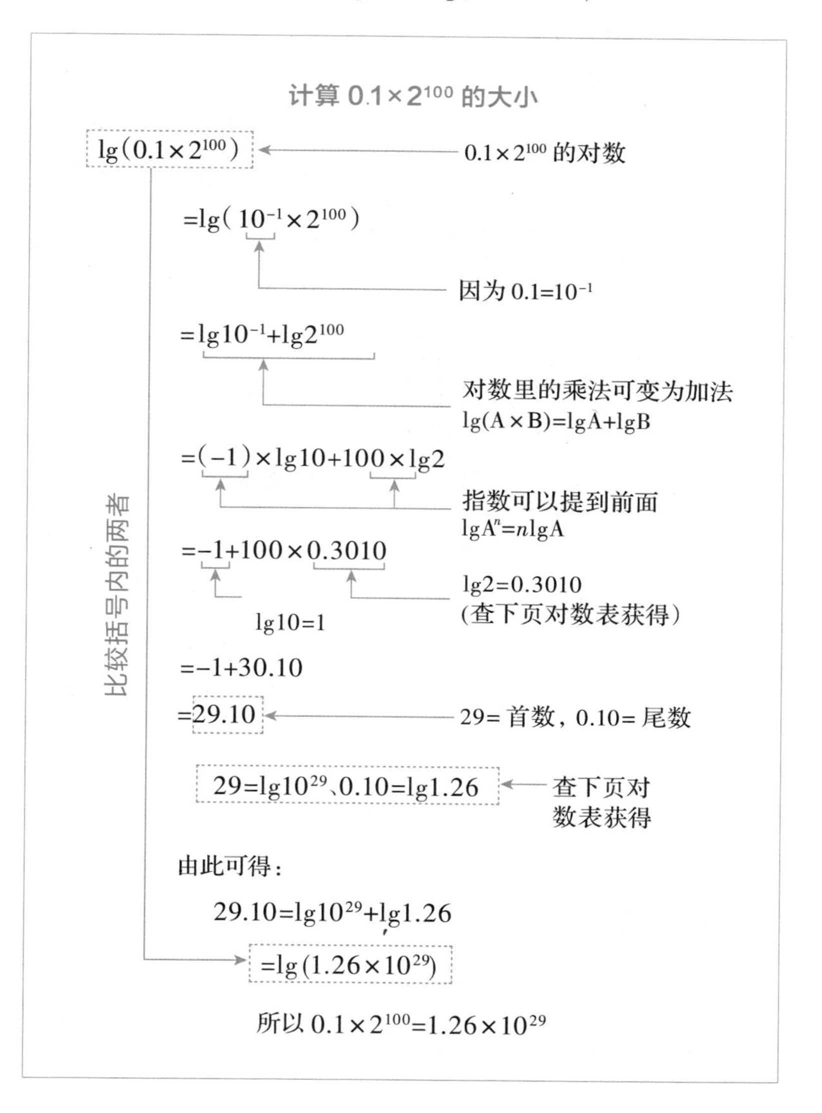

0.10最接近这里的0.1004，对应1.26，也就是0.10=lg1.26

常用对数表

数	0	1	2	3	4	5	6	7	8	9
1.0	.0000	.0043	.0086	.0128	.0170	.0212	.0253	.0294	.0334	.0374
1.1	.0414	.0453	.0492	.0531	.0569	.0607	.0645	.0682	.0719	.0755
1.2	.0792	.0828	.0864	.0899	.0934	.0969	.1004	.1038	.1072	.1106
1.3	.1139	.1173	.1206	.1239	.1271	.1303	.1335	.1367	.1399	.1430
1.4	.1461	.1492	.1523	.1553	.1584	.1614	.1644	.1673	.1703	.1732
1.5	.1761	.1790	.1818	.1847	.1875	.1903	.1931	.1959	.1987	.2014
1.6	.2041	.2068	.2095	.2122	.2148	.2175	.2201	.2227	.2253	.2279
1.7	.2304	.2330	.2355	.2380	.2405	.2430	.2455	.2480	.2504	.2529
1.8	.2553	.2577	.2601	.2625	.2648	.2672	.2695	.2718	.2742	.2765
1.9	.2788	.2810	.2833	.2856	.2878	.2900	.2923	.2945	.2967	.2989
2.0	.3010	.3032	.3054	.3075	.3096	.3118	.3139	.3160	.3181	.3201
2.1	.3222	.3243	.3263	.3284	.3304	.3324	.3345	.3365	.3385	.3404
2.2	.3424	.3444	.3464	.3483	.3502	.3522	.3541	.3560	.3579	.3598
2.3	.3617	.3636	.3655	.3674	.3692	.3711	.3729	.3747	.3766	.3784
2.4	.3802	.3820	.3838	.3856	.3874	.3892	.3909	.3927	.3945	.3962

lg2变成lg2.00，查出对应数为0.3010，也就是lg2=0.3010

■ 从对数表中读出所需数值

对数的运算法则并不多，实际计算时按照上面这样的步骤来就可以了，最后可以得到 $\lg(0.1\times2^{100})=29.10$。其中的整数部分 29 就是首数，首数 $29+1=30$，所以我们知道了这个数在十进制下有 30 位。而小数部分 0.10 是尾数，通过查对数表可以得到 $0.10=\lg1.26$，因此：

$$29.10=\lg10^{29}+\lg1.26\quad（底数为 10）$$
$$=\lg(1.26\times10^{29})$$

而这个对数与 $\lg(0.1\times2^{100})$ 相等：

$$\lg(0.1\times2^{100})=\lg(1.26\times10^{29})$$

比较括号中的部分可以得到：

$$0.1\times2^{100}\text{mm}=1.26\times10^{29}\text{mm}=1.26\times10^{23}\text{km}$$

$$(1\text{km}=10^{3}\text{m}=10^{6}\text{mm})$$

再继续按照1光年≈10^{13}km来估算就是：

1.26×10^{23}km≈1.26×10^{10}光年=126亿光年

这个结果比之前计算的100亿光年还要更加精确。如果严格按照1光年=9.46×10^{12}km来估算，则可以得到：

1.26×10^{23}km≈133亿光年

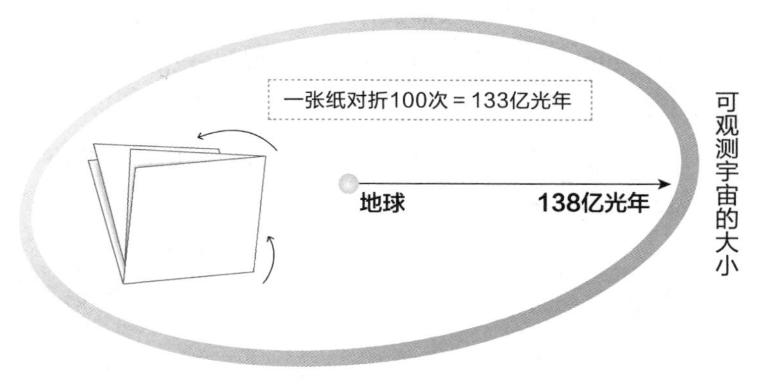

■ 一张纸对折100次就能到宇宙尽头吗?

可观测宇宙的大小据说是138亿光年，而根据计算，厚度0.1mm的纸如果能对折100次的话，差不多就能够到这个距离。

5

5 开普勒定律与对数图像

pH 值相差 1 则酸度相差 10 倍

去五金店时我们经常可以看到有人购买 pH 试纸，因为那些喜欢养水草或金鱼的人都会特别在意水箱中的 pH 值。对于水草、热带鱼、金鱼等生物来说，稍微偏酸一点的环境是最合适的。

这里的 pH 值代表酸碱性的程度，是现实生活中使用指数 · 对数的一个例子。

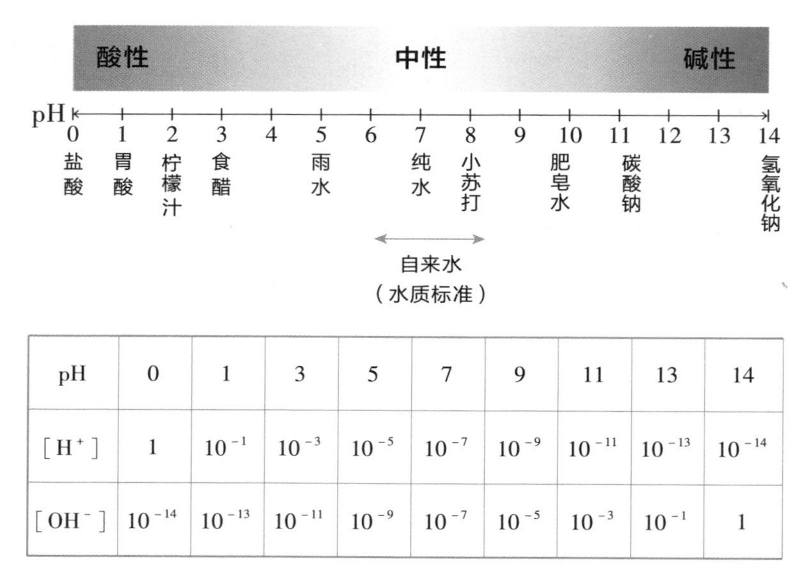

pH	0	1	3	5	7	9	11	13	14
$[H^+]$	1	10^{-1}	10^{-3}	10^{-5}	10^{-7}	10^{-9}	10^{-11}	10^{-13}	10^{-14}
$[OH^-]$	10^{-14}	10^{-13}	10^{-11}	10^{-9}	10^{-7}	10^{-5}	10^{-3}	10^{-1}	1

■ pH 值与 H^+ 和 OH^- 浓度的关系

pH 值是表示溶液中氢离子浓度（$[H^+]$）的数值：$pH = -\lg[H^+]$。pH 值为 11 就代表 1L 溶液中只有 0.00000000001mol 的微量氢离子。通过上表我们可以看到，pH 值相差 1 时溶液中的氢离子浓度就会有 10 倍的差距。

pH 值为 7 代表溶液呈中性，pH 值比 7 越小则酸性越强，比 7 越大则碱性越强。

里氏震级相差 1 则释放能量相差 32 倍

在衡量地震规模的里氏震级中，其实也使用到了指数函数。里氏震级和地震释放能量的大小满足如下关系式：

$$\lg E = 4.8 + 1.5M$$

其中 E 代表地震释放出的能量，M 代表相应的里氏震级。从式中可以看到，当里氏震级增加 2 时，$\lg E$ 会增加 3，因此 E 会变成原来的 1000 倍。而当里氏震级增加 1 时，$\lg E$ 会增加 1.5，因此 E 会变成原来的 32 倍（$10^{1.5} = 31.622 \approx 32$）。

实际计算出来的情况如下表所示：

	$M=5$	$M=6$	$M=7$
$\lg E$	12.3	13.8	15.3
E	1.99526×10^{12}	6.30957×10^{13}	1.99526×10^{15}

如表所示，里氏震级与 pH 值不同，仅仅相差 1 级释放的能量就存在 32 倍的差距，2 级则有 1000 倍的差距。

用对数图像阐明开普勒定律

在第谷·布拉赫（1546—1601）死后，继承他留下的众多天文学资料的人就是开普勒（1571—1630）。开普勒对恩师第谷留下的众多资料进行了解读，从中总结并发表了行星运动三大定律。其中若说到与对数的关系，就不得不提开普勒第三定律（1619 年）了。

[开普勒第三定律]

行星绕太阳公转周期的平方与轨道半长轴的立方成正比。

太阳系行星从内向外依次是水星、金星、地球、火星、木星……越往外的行星离太阳越远。离太阳最近的水星公转周期为 88 天，而最远的海王星的公转周期则是 165 年。

	轨道半长轴 a/AU	公转周期 T/年	$\frac{T}{a}$	$\frac{T^2}{a^3}$
水星	0.387	0.24	0.620	0.994
金星	0.723	0.62	0.858	1.017
地球	1	1	1	1
火星	1.52	1.88	1.237	1.006
木星	5.20	11.86	2.281	1.000
土星	9.555	29.46	3.083	0.995
天王星	19.218	84.02	4.372	0.995
海王星	30.11	164.77	5.572	0.995

■ 行星轨道半长轴与公转周期的关系

如果我们要考虑轨道半长轴和公转周期之间是否存在某种关联，那么按照表上这样单纯地计算“公转周期 ÷ 轨道半长轴”（T/a）也只会得到 0.620～5.572 的凌乱结果。这里就需要用到一种叫作对数坐标系的东西。对数坐标系分为横轴线性刻度、纵轴对数刻度（1 格差 10 倍）的半对数坐标系和两个坐标轴均使用对数刻度的双对数坐标系。

把表中数据标记在双对数坐标系中，就可以得到下图中这样漂亮的直线。

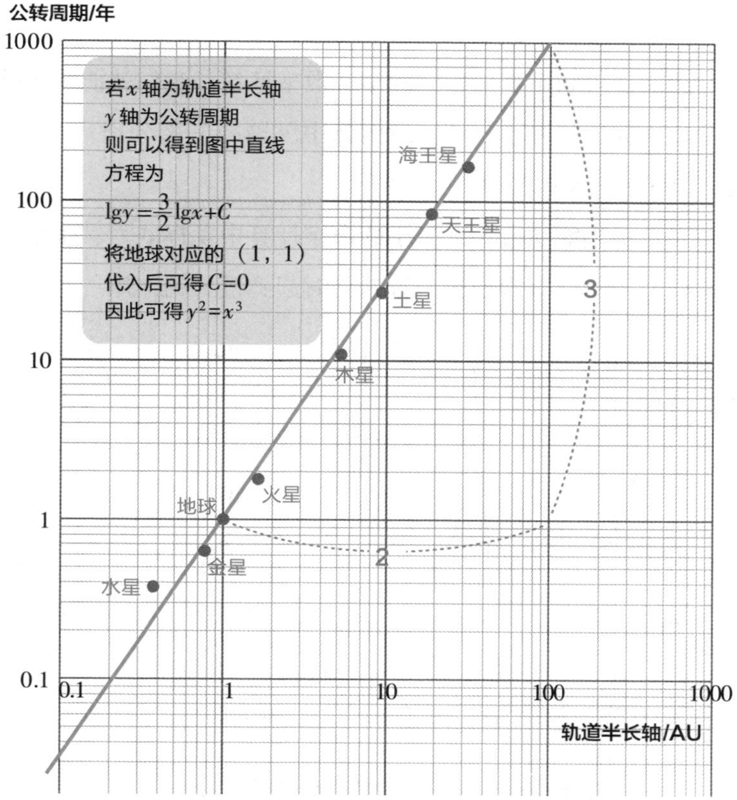
公转周期/年
1000
100
10
1
0.1
若 x 轴为轨道半长轴
y 轴为公转周期
则可以得到图中直线
方程为
$\lg y=\frac{3}{2}\lg x+C$
将地球对应的（1，1）
代入后可得 $C=0$
因此可得 $y^2=x^3$
海王星
天王星
土星
木星
火星
地球
金星
水星
3
2
0.1
1
10
100
1000
轨道半长轴/AU

■ 通过双对数坐标系发现漂亮的比例关系

对数坐标系的威力

本课第2节中介绍的 $y=10^x$ 的图像如下图左边所示，当 x 小于2时都紧贴 x 轴，而当 $x=3$、$x=4$ 时才开始有所变化。接着 x 值稍微增大一点 y 值便急速增大，即便纵坐标的范围达到了80000也无法阻止函数图像突破画面。

从这样的图像中，我们即便想要找到函数的趋势，发现与其他函数的不同，也完全找不到头绪。

然而如果利用右下这样的半对数坐标系，我们就能清晰地把握住函数的趋势了。请注意图像中纵轴的一格分别代表10、100、1000这种相差10倍的变化。

对数不光能在极大、极小的数字计算中发挥威力，也能在像这样通过图像直观研究函数趋势时起到极大的作用。

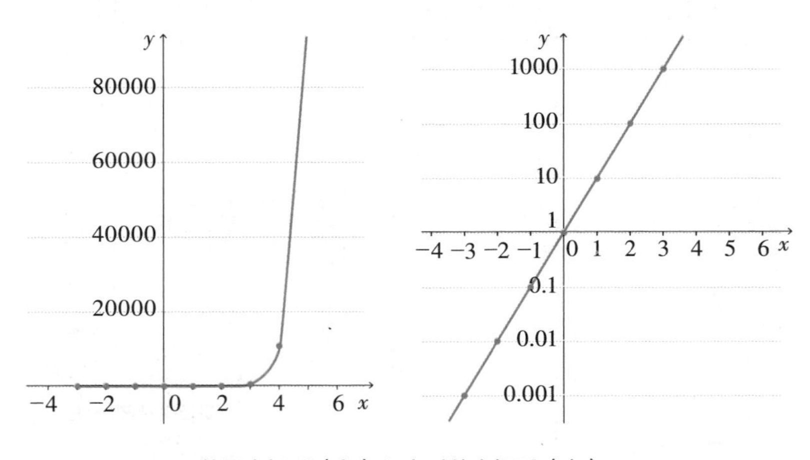

■ 普通坐标系（左）和半对数坐标系（右）

第 6 课

世界由正弦曲线构成！

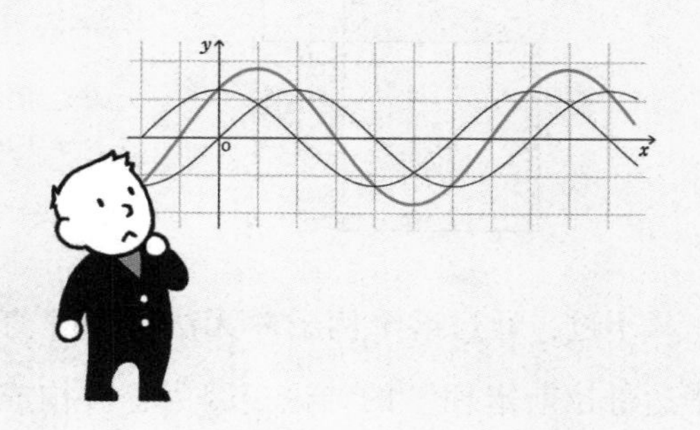

一招三角比解决各种问题

要说三角函数的根源，就不得不提到毕达哥拉斯定理。有一种趣闻是毕达哥拉斯主义者就是看到下图这样的瓷砖而获得灵感的。

所谓毕达哥拉斯定理（即勾股定理），指的即是“直角三角形斜边的平方等于其他两边的平方和”。

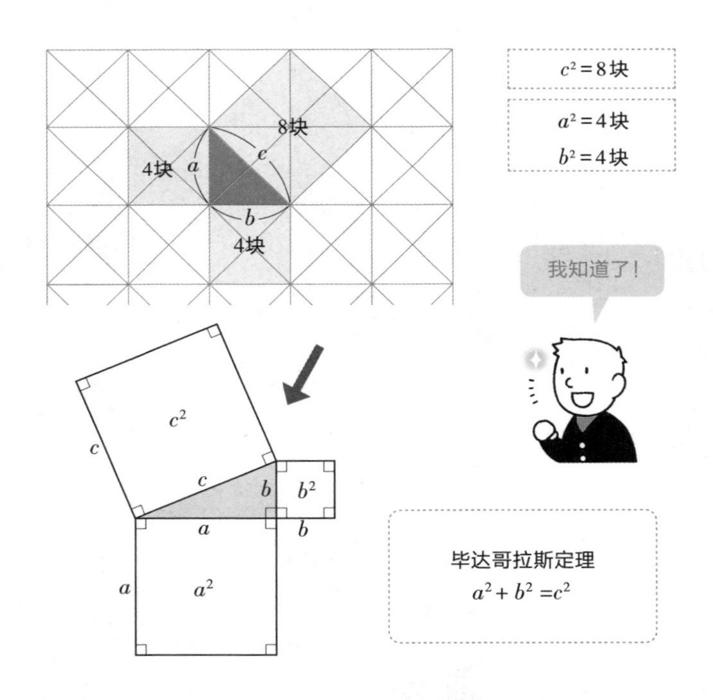

只不过，通过这个例子并无法得到“直角三角形一定满足毕达哥拉斯定理”的结论。因为瓷砖构成的是等腰直角三

角形，而这不过是直角三角形中的一种特殊情形罢了。虽然这的确能帮助我们直观地进行理解，但并不能作为所有直角三角形通用的证明。

实际上毕达哥拉斯定理可以说有无数种证明方法，其中下面的方法我想应该是最容易在直觉上进行理解的。

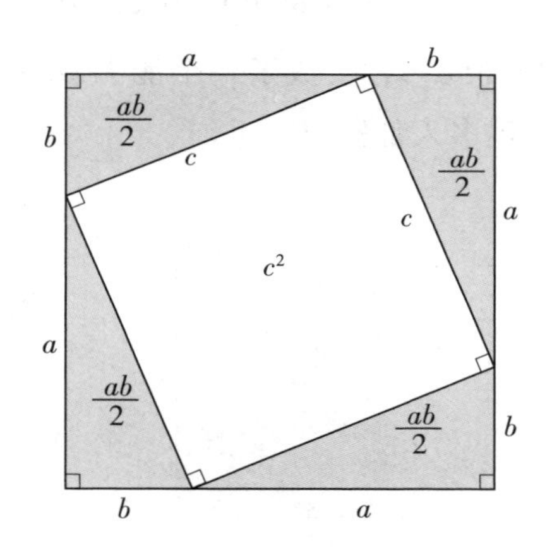

c^2表示的面积是？

全部图形的面积 $=(a+b)^2$

1个三角形的面积是$\frac{ab}{2}$，

所以4个三角形的总面积就是$2ab$。

全部图形的面积减去$2ab$就是：

$$c^2=(a+b)^2-4\times\frac{ab}{2}=(a+b)^2-2ab$$

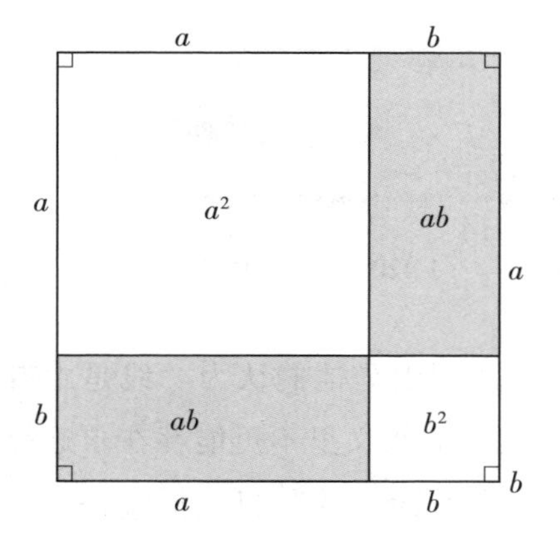

a^2+b^2表示的面积是？

全部图形的面积 $=(a+b)^2$

1个长方形的面积是ab，

所以2个长方形的总面积是$2ab$。

全部图形的面积减去$2ab$就是：

$$a^2+b^2=(a+b)^2-2ab$$

由此可得：

$$c^2=a^2+b^2$$

毕达哥拉斯定理与无理数

毕达哥拉斯主义者在这里陷入了一个困境。假设有一块上述的瓷砖（等腰直角三角形），令它的直角边长为1，那么斜边长的平方就是$1^2+1^2=2$。若斜边长为x，由于$x^2=2$，所以$x=\sqrt{2}=1.41421356\cdots$，变成了一个能无限写下去的无理数，这一点现在很多人都知道。

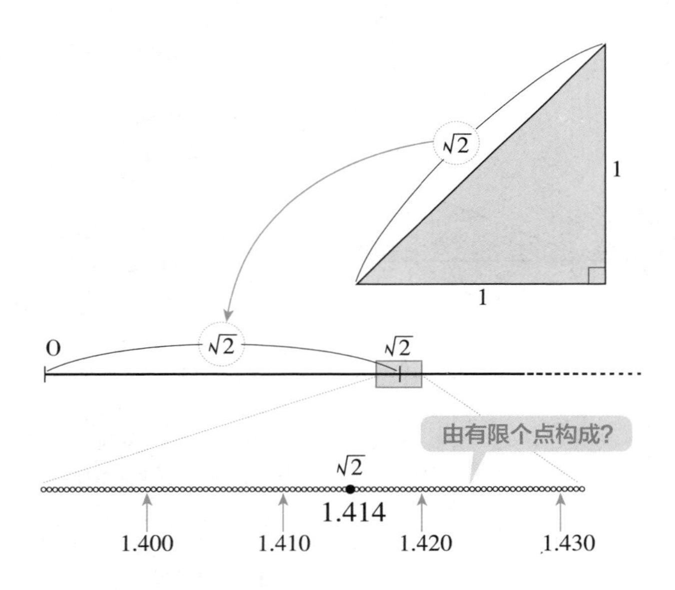

令毕达哥拉斯主义者困扰的原因是他们认为“线是由有限个极小的点所构成的”，在他们的教义里不可能存在永远都除不尽的数。对于他们来说，所有的“数”只包括整数及可以用整数表示的分数两种而已。据说毕达哥拉斯主义者因此隐藏起了无理数的存在。

三角比的应用

在实际生活中也有很多人利用毕达哥拉斯定理来解决问题，古埃及的“牵绳师”便是其中之一（牵绳师的真伪并没有定论，这里当作一件趣闻来介绍）。

在古埃及，每当尼罗河泛滥时，总会从上游即现在的埃塞俄比亚地区带来大量肥沃的土壤。然而与这份恩赐相对的是，以往做好的土地规划也全部会失效，这会造成极大的损失。而重新对土地进行规划是一件非常麻烦的事，这时就轮到牵绳师出场了，据说他们会使用每隔一段距离就带有一个记号的绳子进行测量工作。

而通过画出特定边长比的三角形，他们就能够得到一个直角，比如“3:4:5”。据说在印度则是“5:12:13”比较有名。这两者满足：

$$3^2+4^2=5^2,\ 5^2+12^2=13^2$$

也就是都符合毕达哥拉斯定理。

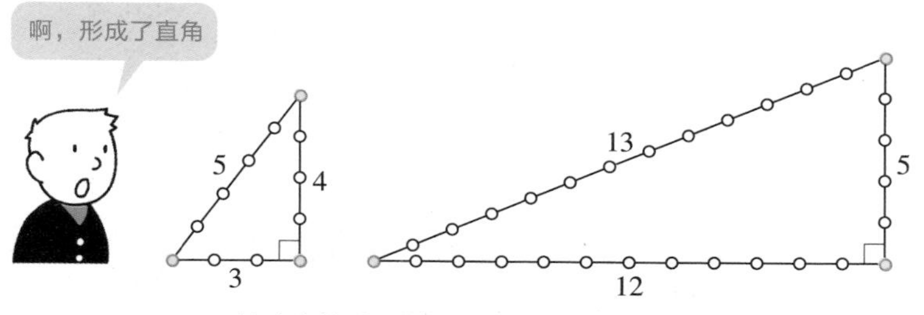

■ 被称为毕达哥拉斯数的自然数组合（例）

像这样满足毕达哥拉斯定理（$a^2+b^2=c^2$）的自然数组合（如 3:4:5 或 5:12:13 等）就叫作毕达哥拉斯数。

用三角比进行各种测量

直角三角形为大家熟悉的不光是毕达哥拉斯数的边长关系，还有角度与边长的关系。其中常见的是三个角分别为 30°、60°、90°以及 45°、45°、90°的三角形。

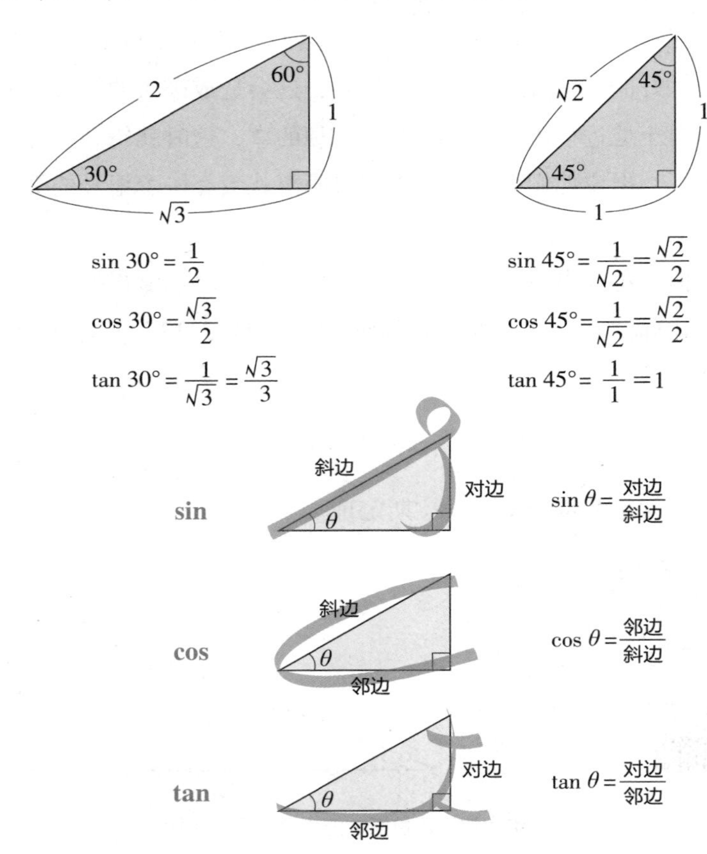

测量树木高度

在《尘劫记》中也出现了灵活利用角度和边长关系的内容，那就是测量树木高度的问题。树木的高度原本不爬上去是测不出的，但如果利用下图这样的方法，我们似乎就能简单地测出这个高度。

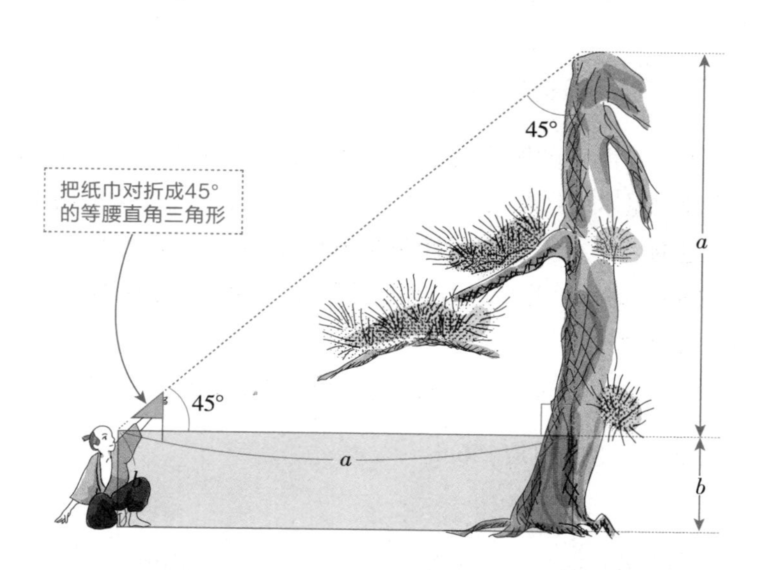

这个方法实际上利用了相似的原理，但也可以说利用到了直角三角形的锐角为45°时“两条直角边相等”的三角比。借助这个角度与边长的关系，测量者只需移动到（观察树顶）仰角为45°的地方，就能够方便地测出树木的高度。

设树木的高度为 $a+b$，而 a 等于测量者到树木之间的距离（因为是等腰直角三角形），而 b 则等于人眼离地的高度，将这两者相加就能求出树木的高度。

而进行这种测量所需要的工具，居然只是一张纸巾。把纸巾对折成45°角的等腰直角三角形，我们就可以用它来测出树木的高度。

说起来，幕府末期造访江户的德国商人施里曼就曾看到日本人大多随身携带纸巾，随时处理个人卫生问题，由此感慨道“比欧洲人还干净”。说不定正是因为随身携带纸巾，当时的人们才想到了这种测量方式。

测量湖心岛的距离

有些情况下的距离无法直接测量，就像下图中的湖心岛。如果要测量岸边到岛上的距离，三角函数就能派上很大的用场。

这时若岸边A到B的距离是100m，则A到C的距离就也是100m。此外，若岸边D到E的距离为90m，则D到C的距离就可以通过：

$$90 \times \sqrt{3} = 90 \times 1.732 = 155.9$$

而计算出大约是156m。

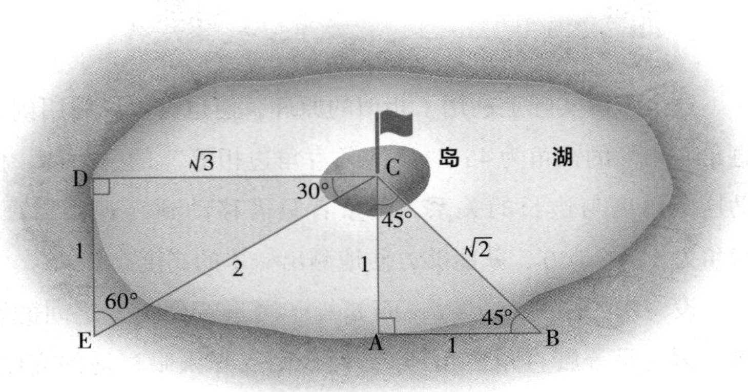

■ 虽然无法直接测量到湖心岛的距离……

泰勒斯对金字塔高度的测量

除此之外，泰勒斯（公元前 624—前 546）借助一根木棍通过相似原理计算出金字塔高度的趣闻也很有名。只要利用阳光照射出影子的时刻，就能通过木棍长度与影子长度之比等于金字塔高度与影子长度之比来求得金字塔高度。

最简单的方法是等待“木棍长度 = 影子长度”的时刻，并在这时量出金字塔影子的长度。这种图形相似的思路继续深化之后就是三角比。

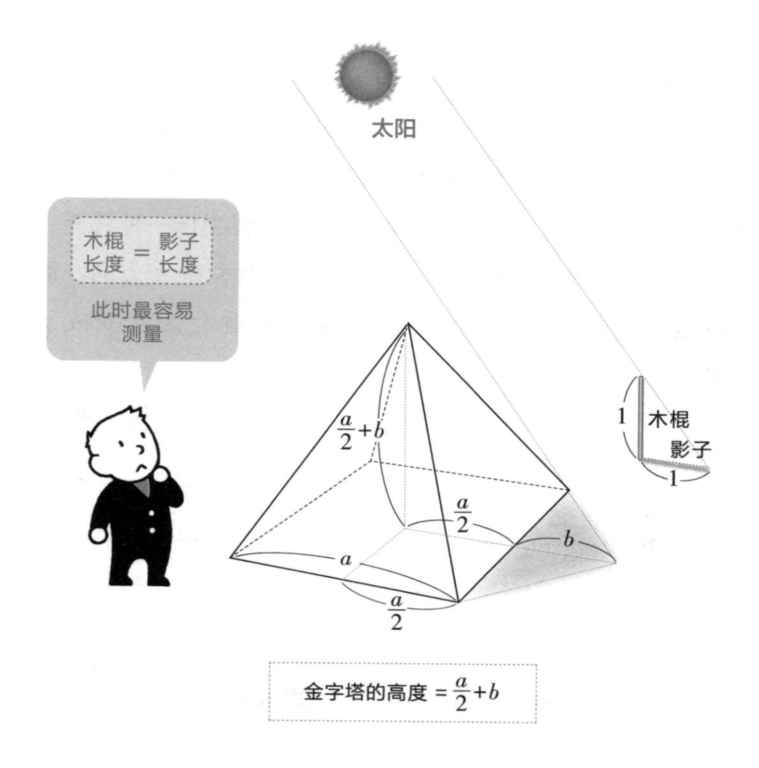

金字塔的高度 = $\frac{a}{2}+b$

6

3 测量宇宙的三角函数

通过三角比测量附近恒星的距离

在测量月球或火星的距离时，我们可以直接使用激光照射目标星球，记录下从激光出发到反射回的时间即可算出精确的距离。然而若目标是恒星，激光即便照射上去也无法反射回来。

在测量离太阳系比较近的恒星距离时，就有一种应用到三角比的方法。

下面我们就试着用地球的周年视差，通过三角比来推测恒星 X 的距离吧。正如人类可以用两眼间的视差来推测距离，我们也可以在测量恒星距离时将地球的公转当作一种视差。

当地球处于 E_1 的位置时，恒星 X 看上去在 A 方向。而半年后地球公转到 E_2 的位置时，恒星 X 看上去就变成了 B 方向。

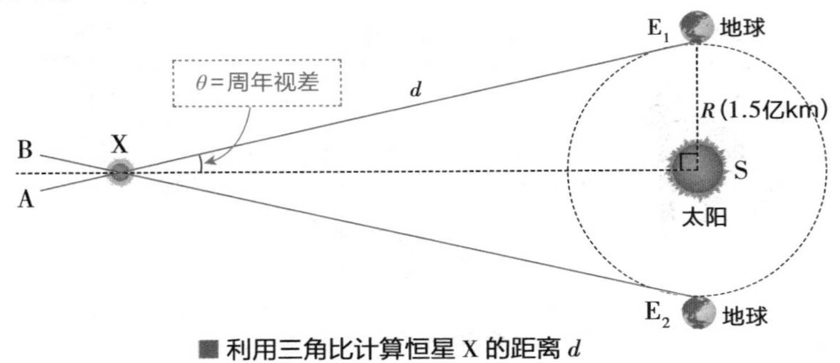

■ 利用三角比计算恒星 X 的距离 d

如果令地球到太阳之间的距离（公转轨道半径）为 $R=1.5\times10^{8}\text{km}$，那么从地球到恒星 X 的距离 d 就可以通过三角比而计算得到：因为 $\sin\theta=\frac{R}{d}$，所以

$$d=\frac{R}{\sin\theta}=\frac{1.5\times10^{8}}{\sin\theta}(\text{km}) \quad \cdots\cdots\cdots\cdots\cdots\cdots\cdots \text{①}$$

只需用到简单的三角比原理，就可以解决测量附近恒星距离这种极为实际的问题，真是令人惊讶。

计算比邻星的距离

离我们太阳系最近的比邻星（半人马座 α 星 C）的周年视差是 742″。因为 1°(度) = 60′(角分)，1′(角分) = 60″(角秒)，所以 1° = 3600″。那么周年视差 0.742″对应的就是：

$$0.742''=\left(\frac{0.742}{3600}\right)^{\circ}=0.00020611^{\circ}$$

这个数值介于 0°到 1°之间，即便去查三角函数表，也很难直接查出 sin0.00020611°的具体数值。

θ	$\sin\theta$	$\cos\theta$	$\tan\theta$
0° 1°	0.0000 0.0175	1.0000 0.9998	0.0000 0.0175

这里可以尝试直接按比例估算出结果：

$$\begin{aligned}\sin0.00020611^{\circ}&\approx0.0175\times0.00020611\\&=3.60693\times10^{-6}\end{aligned}$$

不过这种情况下还是用 excel 的函数进行计算更加轻松，也能迅速得出结果。

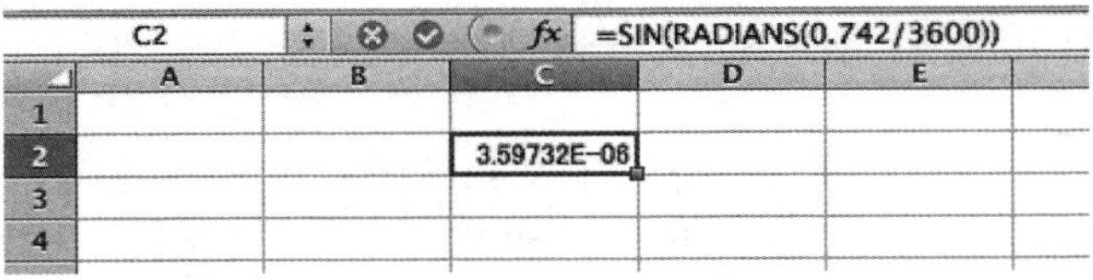

C2 fx =SIN(RADIANS(0.742/3600))

	A	B	C	D	E
1					
2			3.59732E-06		
3					
4					

excel 表格中的“E-06”代表 10^{-6}，由此可以得到：

$$\sin\left(\frac{0.742}{3600}\right)^{\circ} = \sin 0.00020611^{\circ} = 3.59732 \times 10^{-6}$$

将这个计算结果代入上面的式①后有：

$$d = \frac{1.5 \times 10^{8}}{\sin\theta} = \frac{1.5 \times 10^{8}}{3.59732 \times 10^{-6}} \approx 4.17 \times 10^{13} \ (\text{km})$$

下面来试着将其单位变成光年。1 光年是光在 1 年间前进的距离，若规定光在 1 秒内前进 30 万 km，则：

$$\begin{aligned} 1\ \text{光年} &= (3.0 \times 10^{5}\text{km}) \times 60 \times 60 \times 24 \times 365 \\ &= 9.46 \times 10^{12}\text{km} \end{aligned}$$

因此，比邻星离地球的距离用光年来表示就是：

$$d = \frac{4.17 \times 10^{13}\text{km}}{9.46 \times 10^{12}\text{km}} = 4.408 \ (\text{光年})$$

上述计算中，我们将地球和太阳之间的距离近似为 1.5 亿 km，将光速近似为每秒 30 万 km。虽然是非常粗糙的处理，但最后计算出的数值跟比邻星的实际距离 4.22 光年相比已经很接近了不是么？

另外，此前我们在考虑地球到恒星的距离 d 时一直使用的都是 sin。但由于其他恒星离我们的距离非常远，因此直接换成太阳到恒星的距离也不会有多少区别，这时就可用 tan 来代替 sin。实际上在之前的三角函数表中，sin 值旁边也写着 tan 的值，当角度非常小时，sin 和 tan 的值基本上是相同的，可以根据情况灵活使用。

阿利斯塔克斯的智慧

下面再为大家介绍一个灵活利用三角比挑战距离测量的故事。站在地球上看月亮和太阳，两者都是差不多大小，那么这是否意味着月亮和太阳就真的一样大呢？应该不是这样吧。

为什么这么说呢？因为日食就是一个证据。

发生日食时，月亮会遮挡住太阳。正因为月亮离我们更近，它才能遮挡住太阳。而更远的太阳和更近的月亮看起来却基本一样大，所以我们可以得到“太阳比月亮更大”的结论。

在此基础上，欧几里得的弟子阿利斯塔克斯（公元前310—前230）开始利用三角比来思考这么一个问题：太阳（离我们）的距离究竟是月亮距离的几倍呢？

之前我们利用周年视差来测量恒星 X 的距离时，利用到了地球到太阳的距离，而这次用到的是离地球更近的月亮。

首先，上弦月时太阳、月亮、地球形成的角度差不多为 90°，而据说阿利斯塔克斯测出月亮、地球、太阳形成的角度是 87°。也就是说，我们只需再次查阅三角函数表（在阿利斯塔克斯的时代还不存在）就能得到：

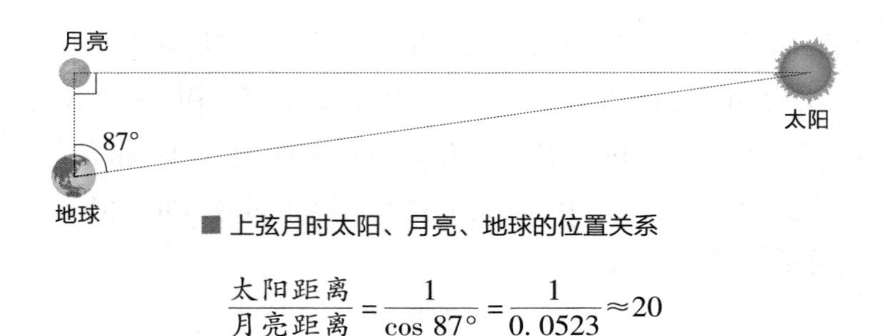

■ 上弦月时太阳、月亮、地球的位置关系

$$\frac{太阳距离}{月亮距离}=\frac{1}{\cos 87°}=\frac{1}{0.0523}\approx 20$$

阿利斯塔克斯便通过这种方式得出了太阳的距离大约是月亮距离 20 倍的结论。

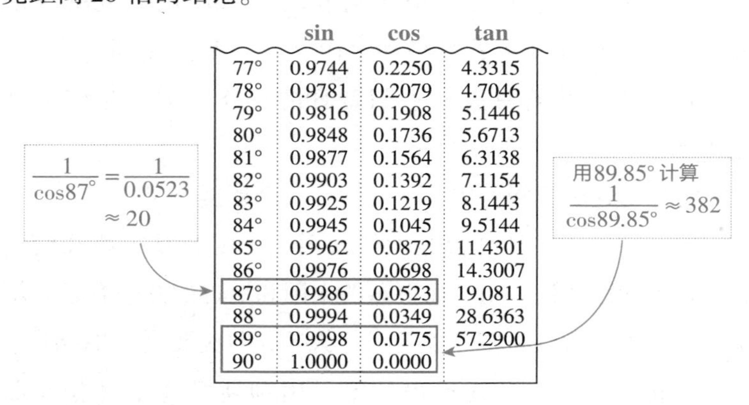

	sin	cos	tan
77°	0.9744	0.2250	4.3315
78°	0.9781	0.2079	4.7046
79°	0.9816	0.1908	5.1446
80°	0.9848	0.1736	5.6713
81°	0.9877	0.1564	6.3138
82°	0.9903	0.1392	7.1154
83°	0.9925	0.1219	8.1443
84°	0.9945	0.1045	9.5144
85°	0.9962	0.0872	11.4301
86°	0.9976	0.0698	14.3007
87°	0.9986	0.0523	19.0811
88°	0.9994	0.0349	28.6363
89°	0.9998	0.0175	57.2900
90°	1.0000	0.0000	

不过太阳、地球、月亮形成的实际角度并非 87°，而是约 89°51′（89. 85°）。这个偏差源自当时较低的观测精度，也因为当时很难精确捕捉到月相变成上弦月的一瞬间，属于不可避免的误差。我们用 89. 85°重新计算后可以得到：

$$\frac{太阳距离}{月亮距离}=\frac{1}{\cos 89.85°}=\frac{1}{0.002618}=382$$

（实际上大约是 400 倍）

像这样，只要灵活使用三角比，我们便能解决多种多样的测量问题。

6-4 从三角比到三角函数

三角比和三角函数名字看上去十分接近。虽然初中我们就会学到毕达哥拉斯定理，但真正深入接触到 sin、cos、tan 等概念还是要到高中。其中三角比是在直角三角形的基础上研究三角形边长和角的关系，由于有具体的参照，因此理解起来也相对简单。

用单位圆理解三角函数

而到了高中后，同样的 sin、cos、tan，名字却变成了三角函数，其内容也发生了变化。比方说我们在分析三角比时都基于具体的三角形，sin 和 cos 对应的角度也不会超过 $180°$。

然而到了三角函数后，角度却发生了扩展。具体来说，就是角度不再依托现实中的三角形，而是通过一个半径为 1 的单位圆，从 x 轴开始逆时针（正向）或顺时针（负向）旋转了起来。

下面我们尝试用单位圆来解释三角比，用 sin、cos、tan 来表示出单位圆圆周上点 P 的坐标(x, y)。

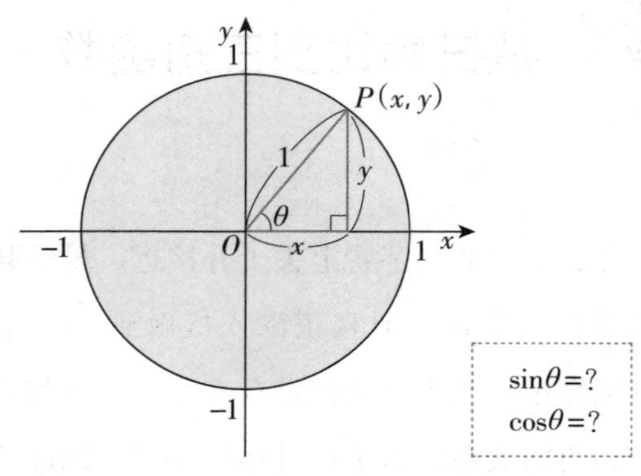

■ 如何用 sin、cos 表示出圆周上点 P 的坐标?

$$\sin\theta=\frac{y}{1}\qquad\cos\theta=\frac{x}{1}\qquad\tan\theta=\frac{y}{x}$$

因为存在这几个关系，所以我们能用（$\cos\theta$，$\sin\theta$）来表示点 P 的坐标（x，y）。到现在为止我们还没有脱离直角三角形的范围，也就是 $0°<\theta<90°$。用单位圆来说，就是只考虑了第一象限内锐角的情况。

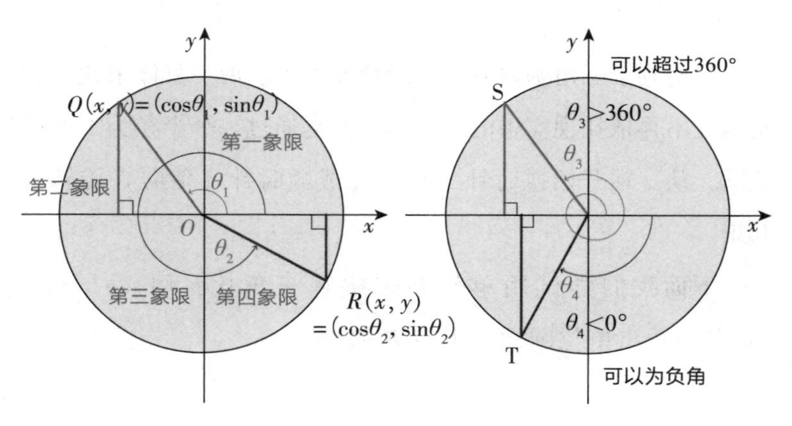

■ 超过 360° 的角和负角也可以处理

不过既然是单位圆上的点，那么 P 完全可以移动到第二、三、四象限：

$$0° < \theta < 360°$$

因此角度 θ 也就扩展到了 $0° < \theta < 360°$ 的范围。不光如此，θ 甚至还可以超过 360°，转到第二圈的 450°；也可以反过来转到 −50°。

正弦曲线的形成

那么当 θ 位于各个象限，甚至超过 360°或为负角时，$\sin\theta$ 和 $\cos\theta$ 的值又会如何变化呢？下一页的图像就描绘出了这种变化，人们一般将其称为正弦曲线。这条曲线是通过用大量点标出从第一象限到第四象限中 $\sin\theta$ 的值而得到的，表现出了正弦值随着角度在单位圆上转动的变化趋势。

虽然四个象限加起来只有一个循环（周期），但 θ 超过 360°或为负角时的图像也可以类似地画出来。

像这样，三角形的三角比变成基于单位圆的三角函数后，对应的角度 θ 就拓展到了 $-\infty$ 到 ∞ 的范围。

说起来本书在第 3 课中提到过“函数就是一个黑盒”。输入某个 x 后，经过中间的函数 $f(x)$，就会输出某个结果 y。

而若要说三角函数“输入了什么，又输出了什么”，那就是输入了“角度”，而得到了某个“数”——这就是三角函数与其他函数不同的特征所在。

■第一象限角度θ对应的$\sin\theta$值

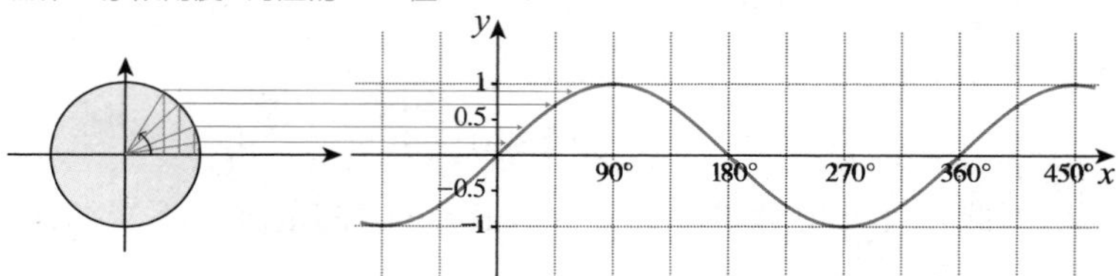

■第二象限角度θ对应的$\sin\theta$值

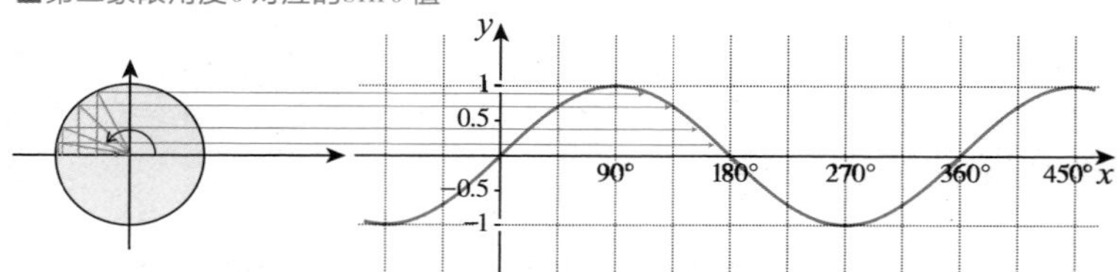

■第三象限角度θ对应的$\sin\theta$值

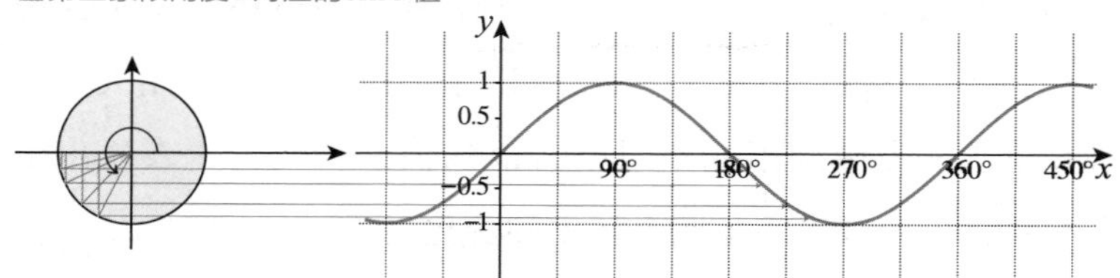

■第四象限角度θ对应的$\sin\theta$值

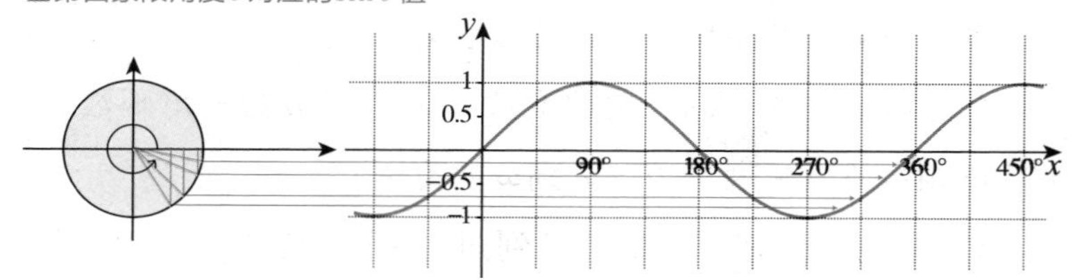

■360°以上的角度θ和负角θ对应的$\sin\theta$值

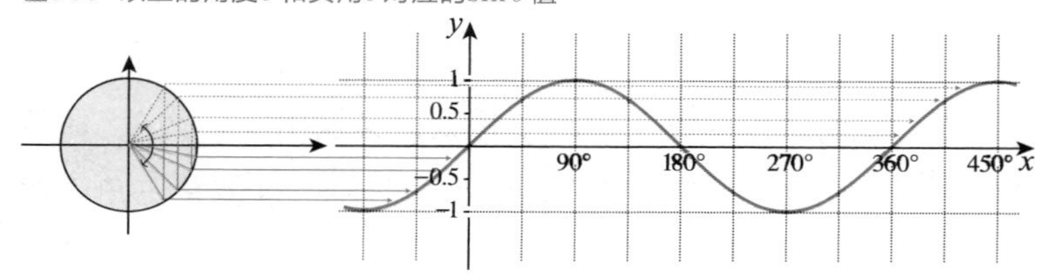

■ 正弦曲线的形成

6-5

组合不同的正弦曲线

前一页中我们看到了 $\sin\theta$ 的曲线是如何得到的，而 $\cos\theta$ 的曲线也是类似的。就像下图这样，两者的形状（周期和振幅）完全是一致的，区别只在于偏差了90°（相位）罢了。

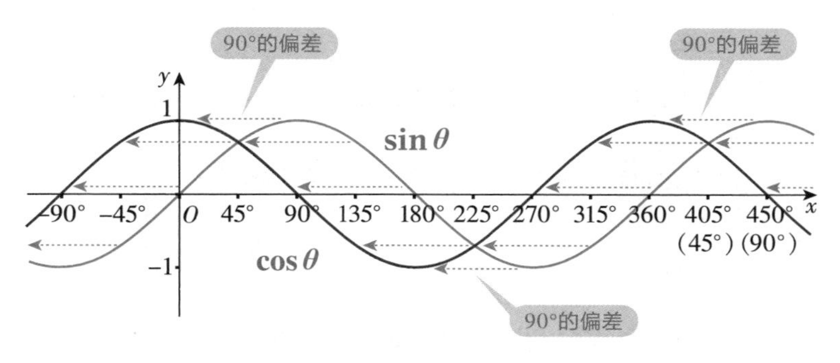

■ 正弦曲线和余弦曲线形状完全一致，相位存在偏差

尝试把波叠加

正弦曲线不过是单纯的波峰和波谷的交替，但若把具备各种周期的曲线叠加到一起，就能够组成复杂的波形。

① $\sin x+\cos x$

简单地将 sin 和 cos 相加后，曲线的周期（相邻波峰或波谷之间的距离）并不会发生变化。sin 和 cos 之间存在 90°的相位差（波峰的偏差），而叠加后的相位则位于两者中间。另外 $\sin x+\cos x$ 的振幅（波峰到波谷高度的一半）会变得比两者都要大。最后得到的就是下一页图中①的蓝色波形。

② $2\sin x+\cos x$

由于 $\sin x$ 的值变成了 2 倍，所以叠加后的曲线振幅也变得更大了。

③ $\sin 2x+\cos 2x$

可以看到将 $\sin x$、$\cos x$ 变成 $\sin 2x$、$\cos 2x$ 后，曲线的周期变短了。反之若变成 $\sin\frac{x}{2}$，曲线的周期则会变长。

④ $\sin 3x+\cos\frac{x}{2}$

叠加后，曲线的大周期里出现了小周期。

⑤ $\frac{2}{3}\sin 20x+\sin\left(\frac{x}{3}\right)+\cos 8x$

出现了类似于地震波或心电图的复杂波形。

很多时候像这样一眼看上去十分复杂的波形，其实也可以通过数个简单的三角函数叠加得到。经济形势变化的图像中也会出现类似曲线⑤的情况。

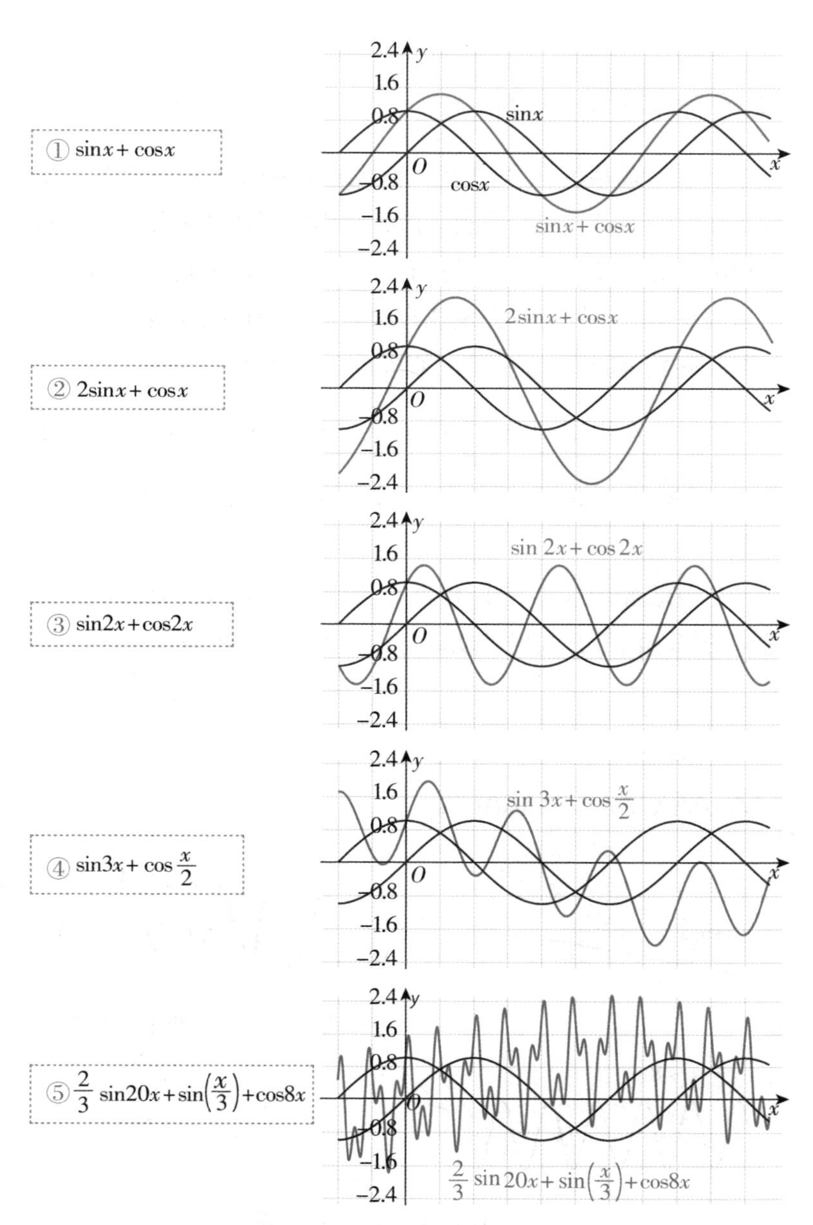

■ 简单的正弦和余弦曲线叠加形成各种各样的波形

波形的叠加与分解

下面来看其他几个例子，这也是单纯的正弦（余弦）曲线叠加后的图像。光看右边的图，我们并不清楚为什么会出现两种不同的凸起，为何曲线往右会有整体升高的趋势，但观察左边的3个子曲线，我们发现有两种不同的正弦曲线（振幅和周期不同），曲线往右抬升的原因也显而易见。

不过，左边中间 $\sin\frac{x}{3}$ 的曲线之后会徐徐下降（周期很长），因此可以预计右边叠加后的图像在这之后也会缓慢降低。

与波的叠加（右图）相反，若能将复杂曲线分解成左边这样的简单波形，我们就能确定构成波的基本要素。

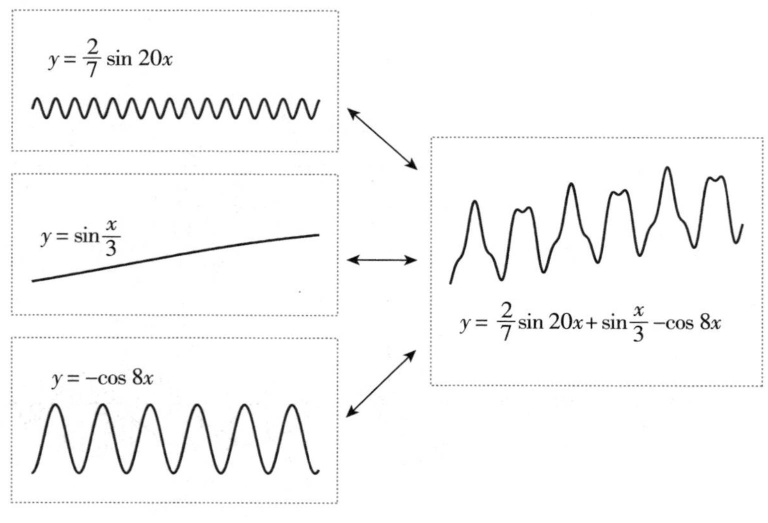

■ 波形的叠加与分解

比如说，日本的警察科学研究所就一直致力于鉴定和检测波形的研究，他们开发出了一种从掺杂了噪声的录音数据中只提取出犯人声音的处理方法，或通过提取人声之外的背景音来确定犯人所在地。通过这种技术，我们就有可能从纷杂的声音中单独提取出特定的内容。

此外，在对被认为用来调整生物节律的人体生物钟的研究中，科学家们发现随着人的衰老，生物节律会像下图这样周期变短（早上起得更早），振幅也会变小（缺乏波动），因此生物钟的活动变得迟缓，这被认为是身体不适的原因之一。

仔细想想不光是声波，类似于从各种电器中发射出的电磁波之类的具有一定周期和波形的存在还有很多，它们都可以被分解成一系列简单的正弦波形。

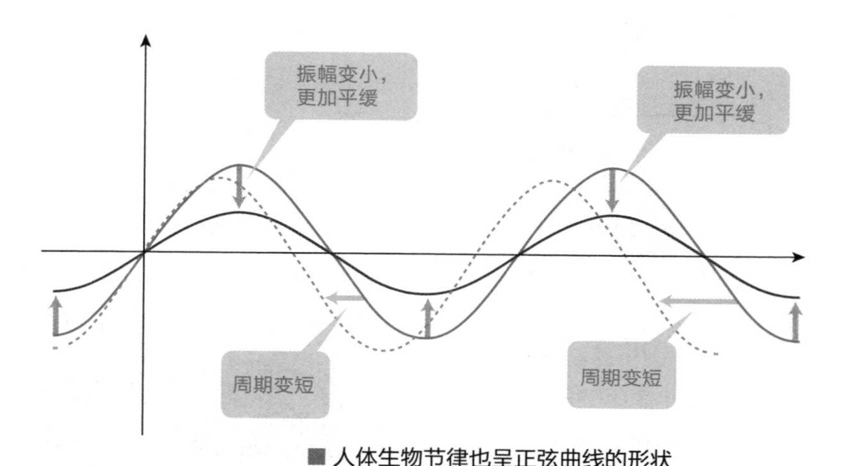

■ 人体生物节律也呈正弦曲线的形状

从距离测量到音频分离，可以说三角函数的知识在各种各样的领域中都能派上用场。

专栏

利用三角形的桁架结构

瓦楞纸箱是用纸做成的，但却十分结实，其中的秘诀就是“使用了三角形的桁架结构”。瓦楞纸的内部是如下图所示的结构（桁架结构），由中间正弦曲线般的芯层和内外两层板纸黏合而成。这种结构应对压缩和拉伸都具备很高的强度。

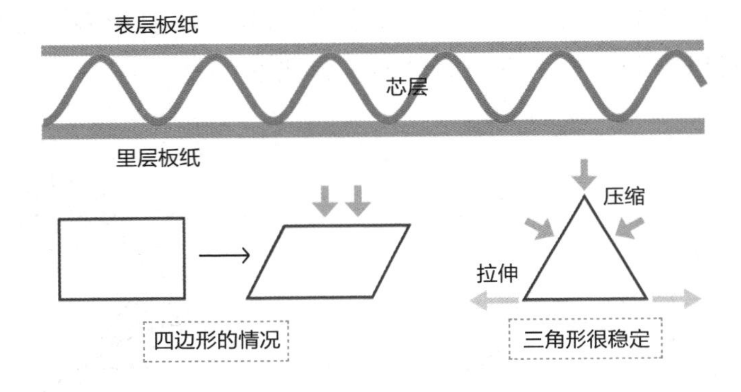

右图是 JR 中央线上的小石川桥，是在明治 37 年（1904 年）开通旧甲武铁路时修建的，到现在仍在使用。从图中可清晰地看到三角桁架结构。

（作者摄影）

第 7 课

微积分的力量

重新审视圆周长和面积的关系

从圆的面积计算周长？

微积分，特别是积分经常会与面积、体积等联系在一起，我们完全不必对此抱有紧张的心态。在第 2 课第 6 节中，本书使用卡瓦列利法，按照如下步骤计算了圆的面积（重新放了第 2 课的图）：

①像卷筒纸那样把圆细分成多层同心圆；

②将其平放在地板上，沿着正上方半径切开；

③无数同心圆纷纷散开，变成一个三角形……

通过这样的方式，我们计算出了圆的面积 $=2\pi r\times r\div 2=\pi r^2$。

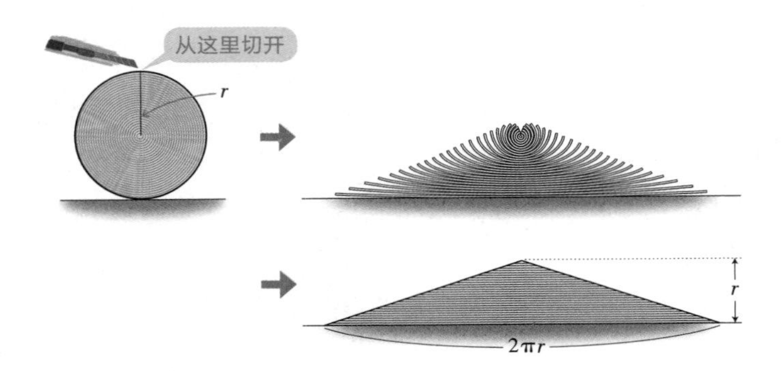

下面我们反过来思考一下这个过程。也就是假设一开始就有一个面积为 πr^2 的圆，而我们要在此基础上求出圆周长。

如下图所示，请大家先考虑“卷筒纸”最外面的一圈。这一圈相当薄，横截面看上去就是下面的样子，图下方细长的长方形是将这一圈拉伸后的结果。

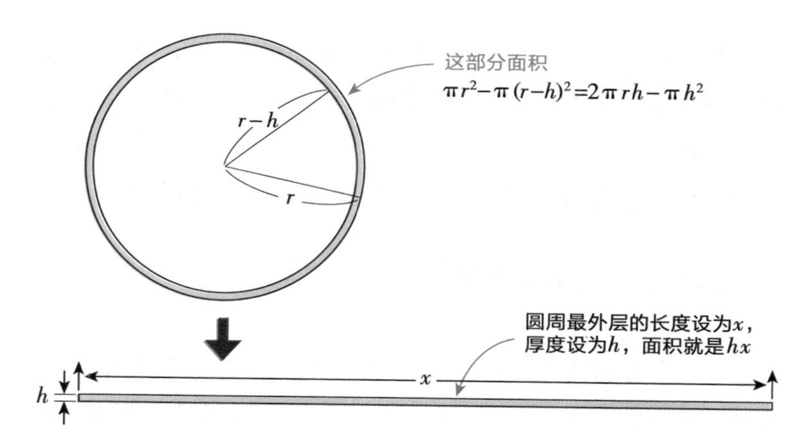

而最外面一层的面积等于整个圆截面的面积（半径 r）减去半径（$r-h$）的圆的面积，因此可以得到：

$$\pi r^2-\pi(r-h)^2=2\pi rh-\pi h^2$$

而这等同于细长长方形的面积（hx）：

$$hx=2\pi rh-\pi h^2$$

由此可得圆周长 x：

$$x=\frac{2\pi rh-\pi h^2}{h}=2\pi r-\pi h$$

由于卷筒纸每层的厚度非常薄，所以这里的 h 趋近于 0。令 $h\to0$ 后可得：

$$x=2\pi r-\pi h=2\pi r$$

这样我们就从圆的面积公式反向推导出了周长公式。

7-2 球的体积与表面积的关系

上一节中我们通过圆的面积公式推导出了周长公式，通过类似的方法，其实也能从球体体积公式推导出表面积公式。

推导方式是这样的，设表示半径为 r 的球体体积的函数为 $V(r)$，球体表面的超薄球壳厚度为 h，则可以得到下式：

$$\textbf{半径为 } r \textbf{ 的球体表面积} = \left(\frac{V(r) - V(r-h)}{h}\right)_{h\to 0}$$

式中等号右边右下角小写的“$h\to 0$”意思是“将 $h=0$ 代入最后得到的算式中”。如果一开始就令 $h=0$ 的话，那么分母就变成了 0，式子也就不成立了。

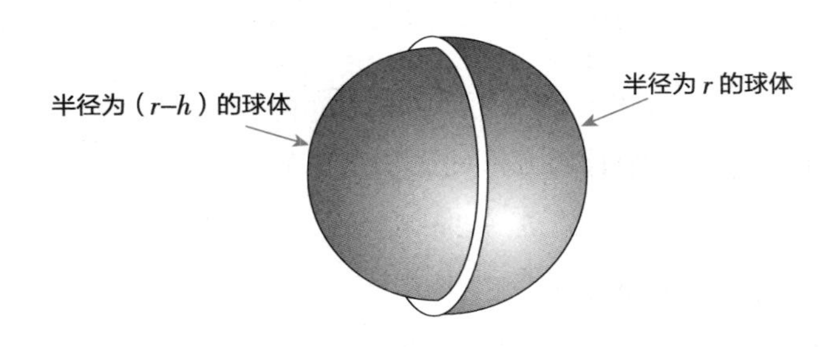

导数是什么？

对于自变量为 x 的函数 $f(x)$，$x=a$ 时的导数是通过下面这个式子来定义的，这个式子在计算圆面积与周长以及球体体积与表面积时都有用到：

函数 $f(x)$ 在 $x=a$ 时的导数 $=\left(\dfrac{f(a)-f(a-h)}{h}\right)_{h\to 0}$

也就是说，函数 $f(x)$ 在 $x=a$ 时的导数即是用 $f(a)-f(a-h)$ 除以 h，再将 $h=0$ 代入后得到的结果（这个说法只是粗略的表述）。

那么导数究竟具有什么意义呢？按照下图这样画出 $y=f(x)$ 的图像，进一步在 $x=a$ 附近将图像放大仔细看，导数的意义也就显而易见了。

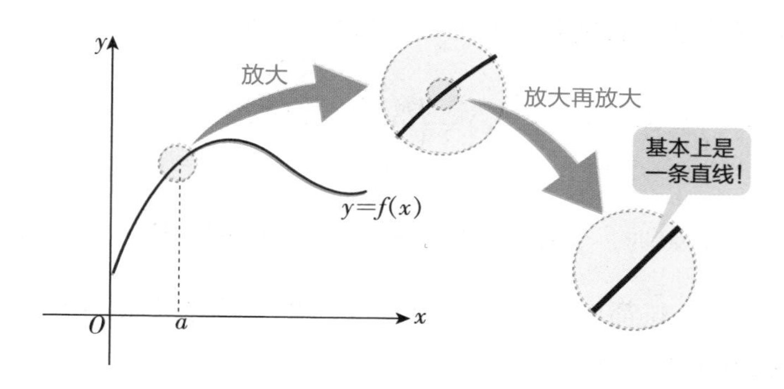

如果图像中的曲线是光滑的，那么将其放大到足够大之后，曲线的局部看上去就像是直线的一部分一样。下面我们来分析一下这条（近似）直线的斜率。

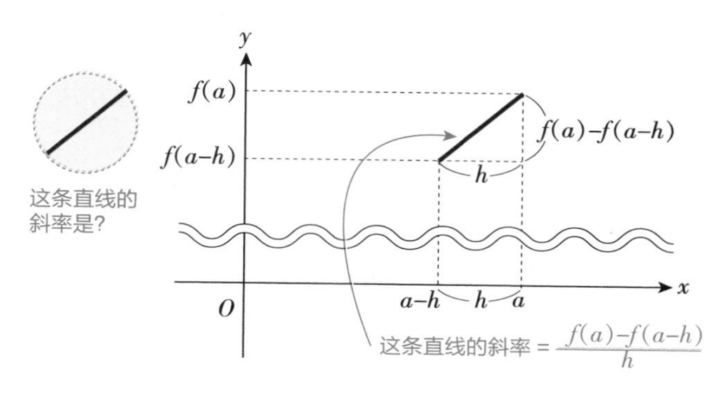

没错，这条直线的斜率正是定义导数的过程中所出现的式子：

$$\frac{f(a)-f(a-h)}{h}$$

也就是说，$x=a$ 处的导数即是函数 $y=f(x)$ 的图像在 $x=a$ 附近放大后，所看到的“直线”（即切线）的斜率。进一步地，对于每个 x 的值，都可以对应 $f(x)$ 的一个导数，满足这种对应关系的函数则被称作“导函数”，记作 $f'(x)$。

$$f(x)\text{的导函数}=f'(x)=\left(\frac{f(x)-f(x-h)}{h}\right)_{h\to0}$$

当 $h\to0$ 时，令 $\mathrm{d}y=f(x)-f(x-h)$，$\mathrm{d}x=h$，则 $f'(x)=\frac{\mathrm{d}y}{\mathrm{d}x}$。其中 $\mathrm{d}x$ 和 $\mathrm{d}y$ 都是无穷小量，被称为 x 和 y 的微分。因此导数也被称为微商（微分之商）。

可以说微分的关键之处就在于这里提到的导数（切线的斜率）和导函数之中。

7-3

导数的计算公式

切线的斜率＝导数！

上一节中我们说到将曲线局部放大后看起来就像是直线的一部分一样，那如果将其反过来处理，会发生什么情况呢？话虽如此，但单纯地反过来操作只会回到原样，所以这里我们试着将“直线的一部分”还原成整条直线。

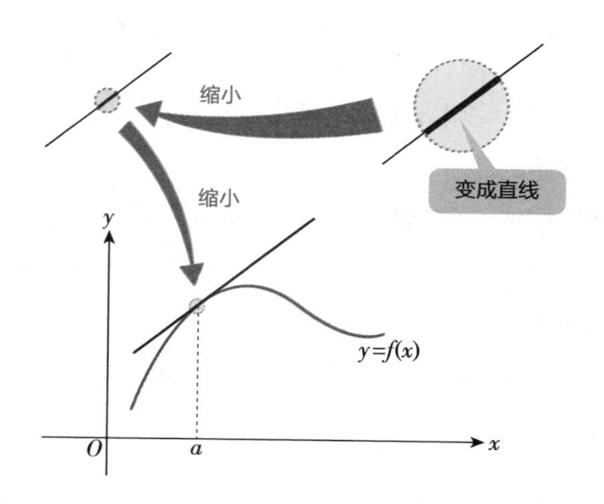

可以看到图中出现了一条直线，它就是曲线 $y=f(x)$ 在 $x=a$ 处的“切线”，这条直线的斜率也就是 $f(x)$ 在 $x=a$ 处的导数。

换句话说，$x=a$ 处的导数也就代表着曲线 $y=f(x)$ 在 $x=a$ 处的切线斜率。

如果函数$f(x)$在自变量x变化范围内所有的点都能够计算出导数，那么我们就说这个函数“可导”。这时候我们可以考虑一个“函数值对应每个点处的导数”的函数，这也就是上一节所说的导函数，用$f'(x)$来表示。而从$f(x)$推导$f'(x)$的过程就叫作“对$f(x)$进行求导”。

从上一页的图中我们可以看到，导函数$f'(x)$也就是$y=f(x)$上各点处切线斜率随x变化的函数。此外，当所有的点都能作切线时，就说明这个函数可导。

导数的计算公式

人们首次尝试计算初等函数的导函数，是从笛卡尔、帕斯卡和费马等数学家引入坐标的概念，在坐标平面上描述函数对应的曲线开始的。

据斯图尔特·霍林代尔的《构筑数学的天才们》一书所说，后世的拉普拉斯（法国数学家）称费马才是“微分计算真正的发明人”。

这里略去他们的推导过程，直接看常见多项式函数的求导公式。

求导公式……$(x^n)'=nx^{n-1}$，$(ax^n+bx^m)'=anx^{n-1}+bmx^{m-1}$

【例】 $(x^2)'=2x^{2-1}=2x$

$(x^3)'=3x^{3-1}=3x^2$

$(3x^7)'=3\times7x^{7-1}=21x^6$

$(8x^8+7x^4)'=64x^7+28x^3$

通过导数来描绘函数的大致图像

利用导函数，我们能画出各种函数的大致图像，其过程也非常简单明快：

①计算$f(x)$的导函数$f'(x)$；

②计算满足$f'(x)=0$的x的值（驻点）；

③比较驻点前后的$f'(x)$符号得到原函数的单调性；

④求出函数的极大值和极小值，将其画在坐标系上。

接着就让我们按照上述步骤，试着画出下面函数的大致图像吧。

$$f(x)=3x^4-8x^3-6x^2+24x-7$$

首先是步骤①，对函数进行求导可得：

$$\begin{aligned}f'(x)&=12x^3-24x^2-12x+24\\&=12(x^3-2x^2-x+2)\\&=12(x-2)(x^2-1)=12(x-2)(x-1)(x+1)\end{aligned}$$

然后是步骤②，令$f'(x)=0$，则$x=\pm1$或2。接着是步骤③，可以看出$f'(x)$在$x>2$时为正，而经过$x=\pm1$或2时其符号会发生变化。

通过这些分析，我们可以得知$f'(x)$和$f(x)$随x的变化情况，进而得到$f(x)$的单调性。这样我们就能画出函数的大致图像了。

x	$(-\infty, -1)$	-1	$(-1,1)$	1	$(1,2)$	2	$(2, +\infty)$
$f'(x)$	$-$	0	+	0	$-$	0	+
$f(x)$	↘	-26	↗	6	↘	1	↗
		极小		极大		极小	

根据上表，我们可以确定极大值和极小值所对应的 x，将这些 x 代入 $f(x)$ 后即可算得相应的极大值和极小值。

我们发现，当 $x = \pm1$ 或 2 时，导函数 $f'(x) = 0$。这意味着曲线 $f(x)$ 的切线在 $x = \pm1$ 或 2 时的斜率为 0，也就是函数在这些点上具有极大值或极小值。

经过这些分析，我们便可以画出如下图所示的函数图像。

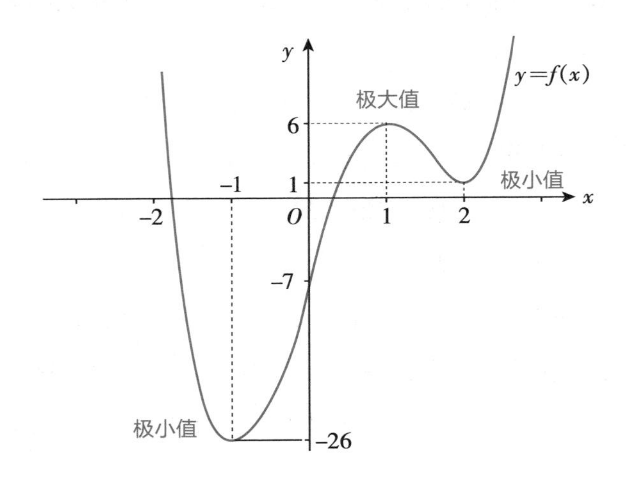

粗略画出函数图像后，我们就能从中获得各种各样的信息：哪里会到底，哪里会有极大值，从哪里开始会一直不断增大……

积分即是“计算分开的面积和体积”

微分和积分基本于同一时期发展成熟

前面已经讲到，微分计算是在17世纪由费马所发明的（真正的发明者）。

那么积分又是什么时候发明的呢？令人意外的是，在那之前2000多年的公元前3世纪，阿基米德就已经开创了“将图形进行细分来求面积”这一具有积分思想的计算方法。顺着这个思路，开普勒的《测量酒桶体积的新立体几何》（1615年）和卡瓦列利的《用新方法促进的连续不可分几何学》（1635年）陆续提出了积分的概念。这些历史都已经在第2课讲到过。

虽然出发点相差了2000多年，但微分和积分两个概念却基本上在同一时期发展成熟。在卡瓦列利的著作出版两年后的1637年，费马就写出了《求极大值与极小值的方法》，阐述了“曲线极值点的切线斜率为0”这一发现。从当年信息的传递效率来看，这已经是非常惊人的速度了。

通过超薄卷筒纸分析积分

积分正如其名，是一种“**将面积或体积切分后再进行计算**”的方法。

分析微分时我们是从卷筒纸的圆周长开始的，因此这里我们也先来用同样的方法试着分析积分。

请看下面没有芯的卷筒纸横截面示意图。卷筒纸的截面为一个圆，我们假定这个圆的半径为 10cm，纸的厚度为 0.001cm（比普通的纸还要薄），那么一卷纸总共就有 1 万层。

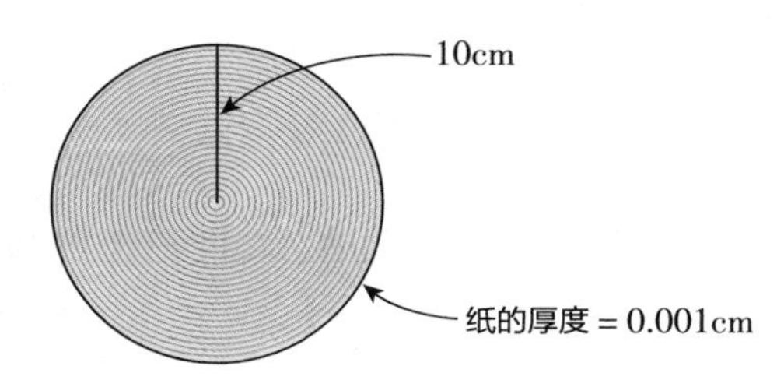

真正的卷筒纸自然是像蚊香那样呈螺旋状卷起来的，但毕竟纸的厚度非常薄，将其想象成“无数同心圆套在一起”也不会有什么问题。

最外面一层圆环的直径是 20cm，第 2 层圆环的直径则要减去 0.002cm 变成 19.998cm，再靠里一层则继续减去 0.002cm 变成 19.996cm，……，最里面一层则是 0.002cm。

每一层的面积均为直径 $\times\pi\times$ 0.001cm（最后的 0.001cm 是纸的厚度）。将这些面积全部加起来就是如下情形（π 和 0.001 是公有的，故提到前面）：

$$\textbf{面积} = 0.001\times\pi\times(20+19.998+19.9996+\cdots+0.002)(\text{cm}^2) \quad \cdots\cdots ①$$

括号中的“20 + 19.998 + 19.996 + ⋯ + 0.002”为等差数列，等差数列的求和可以利用首项（这里为 20）和末项（这里为 0.002）转换成如下形式：

$$\frac{(\text{首项}+\text{末项})\times\text{项数}}{2}$$

利用这个公式可以算出：

$$\text{面积}=\frac{0.001\times\pi\times(20+0.002)\times10000}{2}=10.001\times10\pi(\text{cm}^2)$$

也就是整个圆的面积约等于 $100\pi\text{cm}^2$。而直接用圆面积公式来计算的话，因为半径 $r=10\text{cm}$，所以面积为 $\pi r^2=100\pi\text{cm}^2$，可以看到两者之间非常接近。

如果将上一页式①中的纸厚度用 d 来代替，则面积将变为：

$$d\times\pi\times[20+(20-2d)+(20-4d)+\cdots+4d+2d]$$
$$=2\pi d\times[10+(10-d)+(10-2d)+\cdots\cdots+2d+d]\cdots\cdots②$$

式中的项数为 $\frac{10}{d}$，因此我们可以通过等差数列求和公式将其化简为 $\pi\times10(10+d)$。

另一方面，式②中除 2π 以外的部分近似于在直线 $y=x$ 的图像上取 x 为 d、$2d$、…、10 的柱状图的面积。当 d 趋近于0时，每根柱子的宽度就会逐渐变窄，最后等同于直线 $y=x$ 与 x 轴（以及直线 $x=10$）围出的面积。而圆的面积也就可以表示成：

$$2\pi\int_0^{10}x\mathrm{d}x$$

这就是定积分的思考方式，其中将 s 伸长后得到的符号 $\int$ 将在下一节进行说明。在这个式子基础上我们可以得到：

$$2\pi\int_0^{10}x\mathrm{d}x=10^2\pi$$

进一步可将其推广到半径为 r 的圆，即：

$$2\pi\int_0^{r}x\mathrm{d}x=\pi r^2$$

以上就是积分的过程。

想知道 $f(x)$ 与 x 轴围出的面积！

上一节中我们通过卷筒纸的横截面积解释了积分的原理。正如这个过程所展示的，积分在计算圆的面积或球的体积时是非常便捷的工具。

不过说到函数，很多人心目中都认为函数就是$y=f(x)$，那么这里就再用 $y=f(x)$ 的形式来解释一下积分吧。

假设函数$f(x)$在区间$[a, b]$上连续且恒有 $f(x)\geqslant 0$，这时图中用浅蓝色涂出的面积便可以用 $\int_a^b f(x)\,\mathrm{d}x$ 来表示，读作“$f(x)$ 对 x 由 a 到 b 的积分”。那么这个积分具有什么实际意义呢？

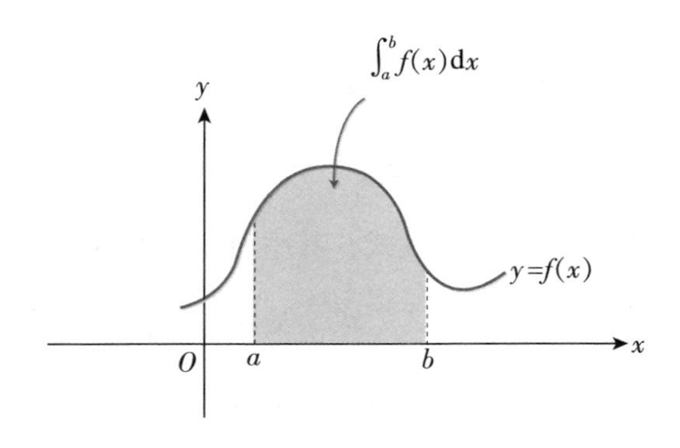

当对象是圆时，积分意味着将其分为无数个薄薄的同心圆再全部加起来。而上面的图像显然不是圆，这时积分意味着将其分为无数个细长条（下页图左侧）再全部加起来。这些细长条不断变得更细之后，就变成了右边的形状……

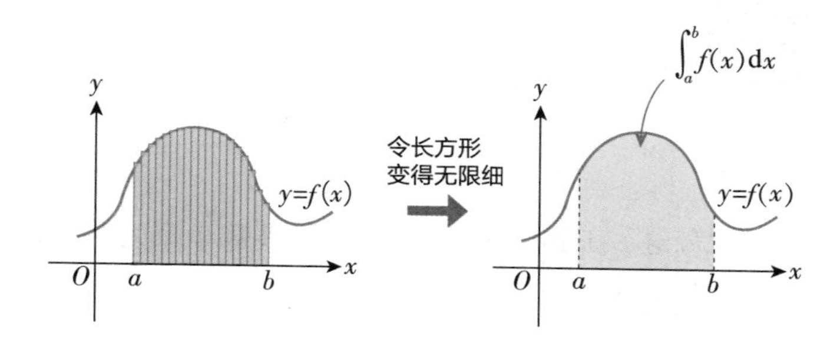

像这样将面积分为无数个细长的“长方形”后，就变成了上面所说的$\int_a^b f(x)\mathrm{d}x$。

一般来说，函数在$[a, b]$的范围内并不一定总在x轴上方，也就是不一定恒有$f(x)\geqslant 0$。当$f(x)\leqslant 0$时，计算面积就需要在$\int_a^b f(x)\mathrm{d}x$前面加上一个负号（$-$）。更复杂一点像下图这样正负交错的话，就需要给每个区间分别加上对应的符号。

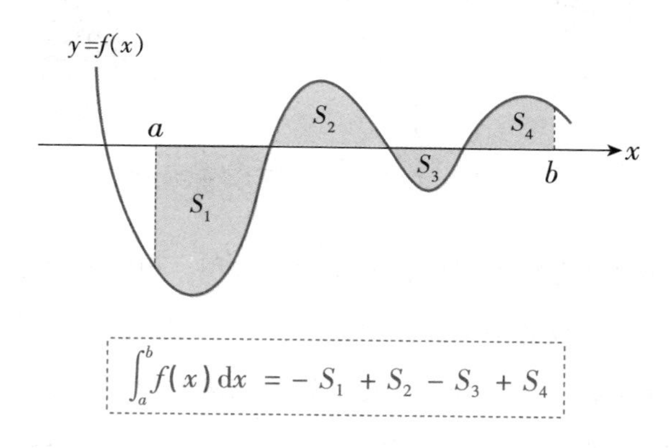

按照这种方式，x轴和$y=f(x)$的图像所围出的面积便能通过积分求解出来，这也就是积分计算的思路。

7-7 卡瓦列利做不到的事也不在话下！

借助积分这一工具，困扰 17 世纪诸多数学家的酒桶体积计算问题便能高效而简便地得到解决。

卡瓦列利当年的方法是将酒桶切成极薄的薄片，再分别求出各个薄片的体积然后相加。

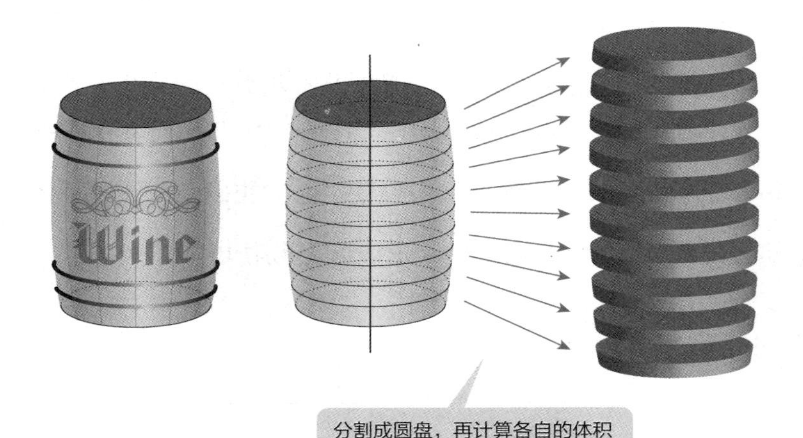

这样虽然能够粗略计算出酒桶的体积，但若想要得到更加精确的结果，只能不断将薄片切分得越来越薄，这样计算就会变得繁复无比。这时候就该轮到**旋转体体积积分**登场了。

将酒桶放倒，令其中轴线为 x 轴，可以认为酒桶是由侧面的曲线绕 x 轴旋转一圈形成的曲面围成的。

接着测量酒桶内部的各个尺寸，假设得到了下页图中所示的结果，我们便要在此基础上尝试计算其体积。

酒桶侧面的曲线可以按照下图的方式近似成二次函数。

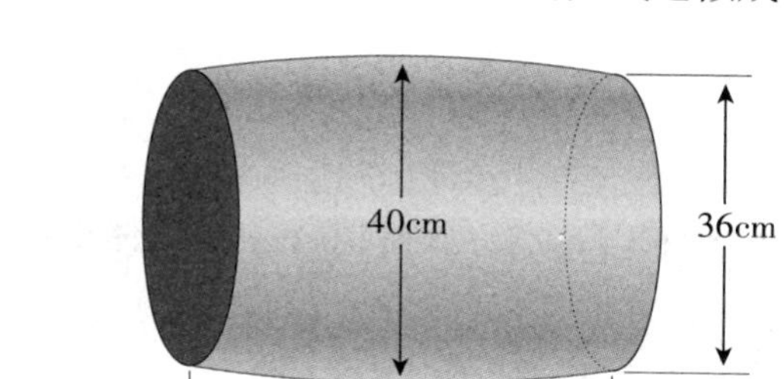

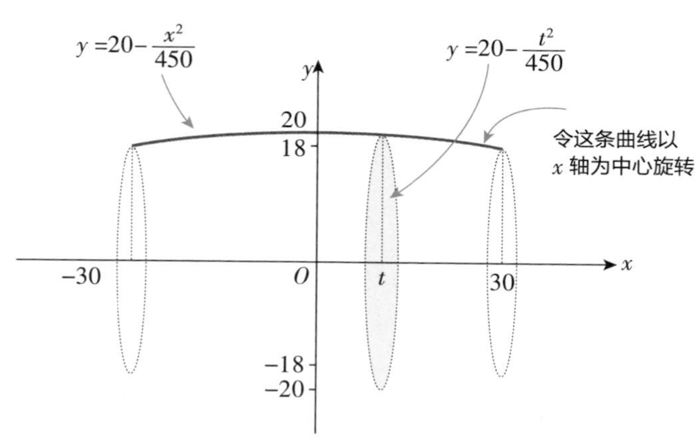

酒桶的侧面可以用这条曲线的旋转体来近似

从图中可以看到，这条曲线近似出的二次函数与 y 轴交点高度为20，$x=\pm30$ 时的高度为18，而且这个函数的曲线与酒桶形状重叠后确实是基本一致的。

下面就来计算这个旋转体围成的酒桶体积。当 $x=t$（$-30\leqslant t\leqslant30$）时，酒桶的截面圆的半径为：

$$y=20-\frac{t^2}{450}$$

截面圆的面积 $S(t)$ 便能跟着计算出来：

$$S(t)=\pi\left(20-\frac{t^2}{450}\right)^2$$

在此基础上进行积分，便可得到整个酒桶的体积：

$$V=\int_{-30}^{30}\pi\left(20-\frac{x^2}{450}\right)^2\mathrm{d}x$$

而这个图形是关于 y 轴对称的，因此可以按照如下过程计算：

$$\begin{aligned}V&=2\pi\int_0^{30}\left[400-2\times20\times\frac{x^2}{450}+\left(\frac{x^2}{450}\right)^2\right]\mathrm{d}x\\&=2\pi\int_0^{30}\left(400-4\times\frac{x^2}{45}+\frac{x^4}{450^2}\right)\mathrm{d}x\\&=2\pi\times\left(400x-4\times\frac{x^3}{3\times45}+\frac{x^5}{5\times450^2}\right)\Bigg|_0^{30}\\&=2\pi\times\left(400\times30-4\times\frac{30^3}{3\times45}+\frac{30^5}{5\times450^2}\right)\\&=2\pi\times(12000-800+24)\\&=22448\pi\ (\mathrm{cm}^3)\end{aligned}$$

虽然计算本身看着有些麻烦，但其实分数都可以约分，算起来比想象的要简单多了。

微分和积分是互逆的运算

本书在前面提到过，积分是由卡瓦列利等人在阿基米德思路的基础上发展而来，而微分则是由费马提出的（都是 17 世纪同一时期）。

既然如此，那广为人知的传闻“微积分是由牛顿和莱布尼茨发明的！”其实弄错了吗？

这个传闻虽然不能说错误，但确实很容易招致误解，正确的说法应该是：

“阿基米德、卡瓦列利等人开创了积分，费马开创了微分，而将其合二为一的则是牛顿和莱布尼茨。”

牛顿的微积分基本定理

下面就来向大家解说一下微积分基本定理（牛顿–莱布尼茨公式）吧。

首先积分对于函数来说即是求函数曲线与 x 轴（以及两条边界直线）围住的面积的过程。

从某个合适的起点 a 开始一直到 t 的区间范围内，将 x 轴与 $y=f(x)$ 的图像围住的面积记作 $F(t)$。虽然 $F(t)$ 是关于 t 的函数，但将其中的 t 换成 x 后，得到的 $F(x)$ 就叫作 $f(x)$ 的原函数。

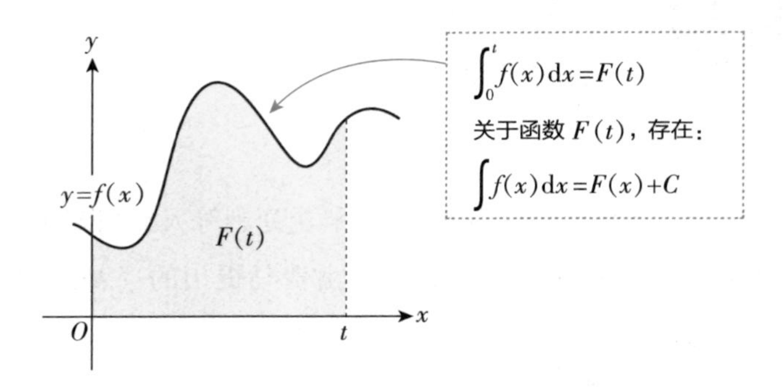

而对 $f(x)$ 进行积分后，得到的就是 $F(x)+C$。这叫作不定积分，用 $\int f(x)\,dx$ 来表示。

接着将区间的起点 a 设为可变的值（上图中的 a 设为了 0）。即便起点 a 不同，积分后的结果也只有常数部分发生变化，由此可见只要在原函数后面加一个积分常数 C，就可以不用再考虑这个问题了。

牛顿和莱布尼茨向我们展示了微积分的如下基本定理：

微积分基本定理

$$\left(\int f(x)\,dx\right)' = f(x)$$

$$\int (F(x))'\,dx = F(x) + C$$

这个定理意味着，通过 $\int f(x)\,dx$ 这一过程得到的，是一个进行微分（求导）后能变回 $f(x)$ 的函数。

从这点来看，微分和积分自然是互逆的运算。

7-9 从柱形图理解微积分基本定理

正如上一节所说，积分就是“求微分后能得到 $f(x)$ 的函数的过程”，这是以下面的基本定理为出发点而得到的定义：

$$\left(\int f(x)\,\mathrm{d}x\right)' = f(x)$$

若像下图这样画出图形再仔细观察，想必大家也能更为深刻地理解这个定义。

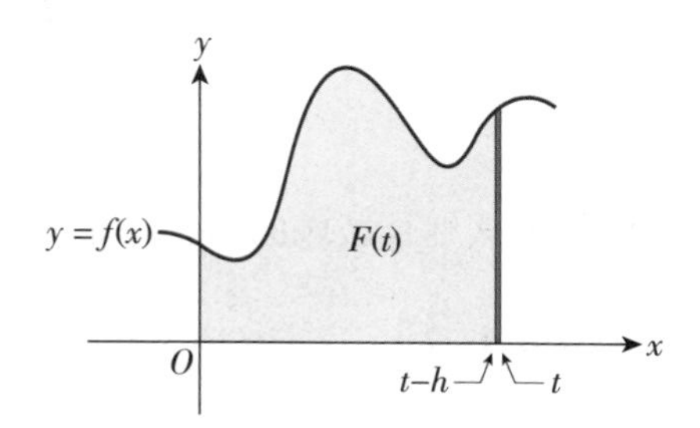

通过 $\int_0^t f(x)\,\mathrm{d}x = F(t)$ 我们可以计算得到函数 $F(t)$，而 $\int f(x)\,\mathrm{d}x$ 即是将函数 $F(t)$ 中的 t 替换成 x 所得到的关于 x 的函数 $F(x)$（原函数）。

这个 $F(x)$ 的导函数可通过如下计算得到：

$$F'(x) = \left(\frac{F(x) - F(x-h)}{h}\right)_{h\to 0}$$

这个式子将 x 替换成 t 也同样成立（函数 $f(x)$ 已经用到了

x，重复使用会变得复杂，因此这里换成 t 来说明），也就是说我们只需计算 $\left(\frac{F(t)-F(t-h)}{h}\right)_{h\to 0}$ 即可。

如下图所示，$F(t)$ 的意义是曲线 $y=f(x)$ 与 x 轴在 $0\leqslant x\leqslant t$ 的区间范围内围住的面积。这里如果考虑 $F(t)-F(t-h)$，就是一个宽为 h 的细长区域。当 h 的值足够小时，这个区域就可以视作是一个长方形，其高度便是 $f(t)$。

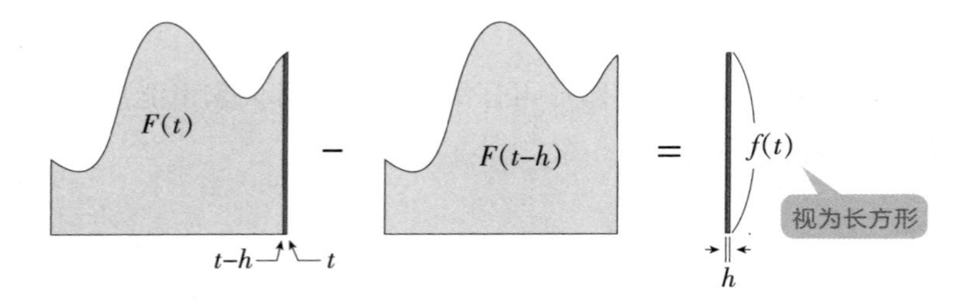

所以此时可以认为该细长区域的面积等于 $f(t)\times h$，可得：

$$\left(\frac{F(t)-F(t-h)}{h}\right)_{h\to 0}=\frac{f(t)\times h}{h}=f(t)$$

将 t 变回 x 后得到：

$$\left(\frac{F(x)-F(x-h)}{h}\right)_{h\to 0}=f(x)$$

这就是为什么我们说积分即是求微分（求导）后能得到 $f(x)$ 的过程。

对于微积分的基本说明到这里就结束了。最后，让我们利用微积分来挑战静止卫星的轨道高度计算问题吧。

7

10

利用微分计算静止卫星的轨道高度

三角函数的导数可以用来计算静止卫星的轨道高度?

那么在最后，为了切身感受一下微积分的厉害，让我们来试着计算一下静止卫星的轨道高度吧。

为了完成这个计算，我们有必要提前掌握一些关于三角函数的导数知识，请大家先耐着性子一起来看看。

首先，$y=\sin x$ 和 $y=\cos x$ 的图像如下图所示，其中 x 轴的单位并非角度，而是弧度（$\pi=180°$）。

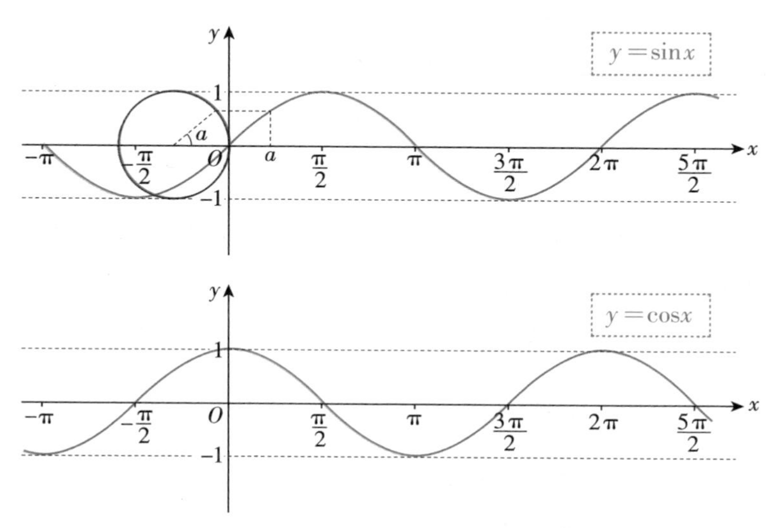

经过图中 $y=\sin x$ 的曲线上数点做切线，可以发现每个点所对应的切线斜率刚好就是 $y=\cos x$ 的值。

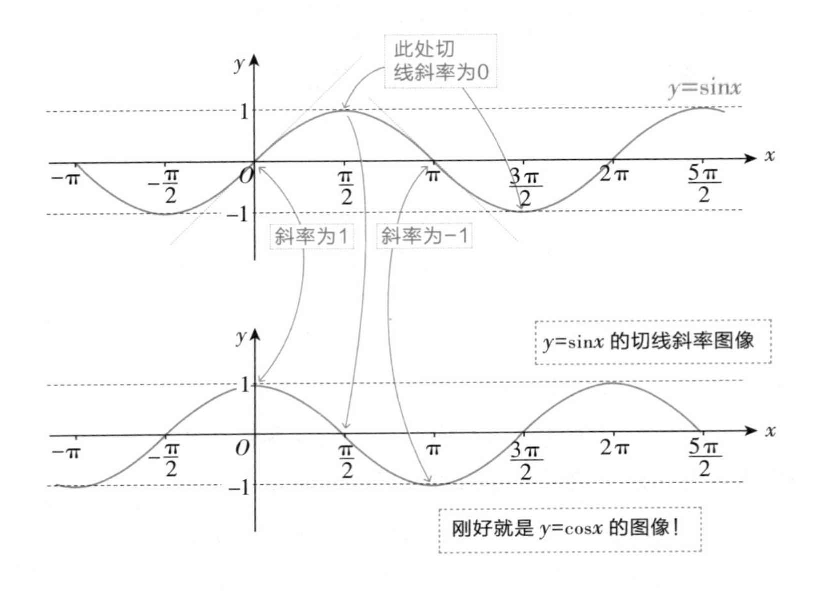

也就是说，对 $f(x) = \sin x$ 进行求导后可得 $f'(x) = \cos x$。同样地，对 $g(x) = \cos x$ 进行求导后可得 $g'(x) = -\sin x$。

分析公转运动

接下来我们要分析的是静止卫星的公转运动，这里可以将其考虑成以地球中心为原点、半径为 r 的圆周运动。

那么将静止卫星的位置用 (x, y) 坐标来表示就是：

$x = r\cos\omega t$、$y = r\sin\omega t$，也就是（$r\cos\omega T$，$r\sin\omega t$）

其中 r 是卫星公转轨道的半径，ω 是其角度变化的速度。ω 越大，则卫星转一圈的速度越快，因此我们也将 ω 称为角速度。

例如当 $\omega = 2$ 时，$f(x) = \sin 2x$ 的图像会是怎样的呢？

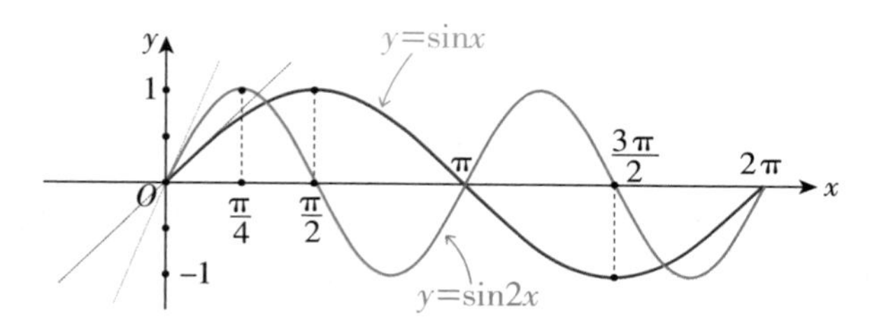

将 $x=\frac{\pi}{4}$ 代入后有：

$$f\left(\frac{\pi}{4}\right)=\sin 2\times\frac{\pi}{4}=\sin\left(\frac{\pi}{2}\right)=1$$

而将 $x=\frac{\pi}{2}$ 代入后有：

$$f\left(\frac{\pi}{2}\right)=\sin 2\times\frac{\pi}{2}=\sin\pi=0$$

可以看到 $f(x)=\sin 2x$ 的图像正好是 $f(x)=\sin x$ 的图像横向（x 轴方向）压缩一半后的样子。函数图像横向压缩一半后，曲线上切线的斜率也会变为对应余弦函数的 2 倍，即 $f'(x)=(\sin 2x)'=2\cos 2x$。

将其推广到一般情况后，就是曲线 $y=\sin\omega x$ 的切线斜率等于 $f(x)=\cos\omega x$ 曲线上对应点函数值的 ω 倍，因此对 $f(x)=\sin\omega x$ 进行求导后得到的是：

$$f'(x)=\omega\cos\omega x$$

同样地，对 $g(x)=\cos\omega x$ 进行求导后的结果是：

$$g'(x)=-\omega\sin\omega x$$

通过静止卫星的位置计算“速度”

当静止卫星的位置用（$r\cos\omega t$，$r\sin\omega t$）来表示时，两个方向的速度分量便是将其各部分对 t 进行求导后的结果：

$$(-\omega r\sin\omega t,\ \omega r\cos\omega t)$$

线速度的大小则是：

$$\sqrt{(-\omega r\sin\omega t)^2+(\omega r\cos\omega t)^2}=\omega r\sqrt{(\sin\omega t)^2+(\cos\omega t)^2}=\omega r$$

此外，对速度进行求导后的加速度则是（$-\omega^2 r\cos\omega t$，$-\omega^2 r\sin\omega t$），其大小是：

$$\sqrt{(-\omega^2 r\cos\omega t)^2+(-\omega^2 r\sin\omega t)^2}=\omega^2 r\sqrt{(\sin\omega t)^2+(\cos\omega t)^2}=\omega^2 r$$

下面先列出之后计算必须要用到的 3 个数据：

- 地球的半径：$R=6.37\times10^6\mathrm{m}$
- 地表的重力加速度：$g=9.81\mathrm{m/s^2}$
- 静止卫星的轨道高度：h

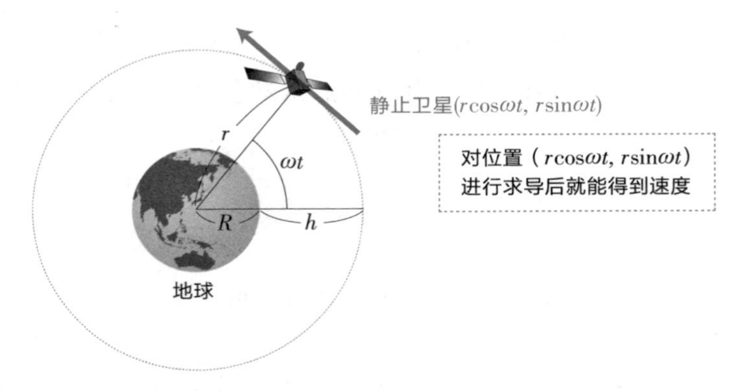

■ 利用微分（导数）求解静止卫星的速度和加速度

静止卫星在高度 h 的轨道上绕地球环绕一周需要花费 23.9344 个小时，因此角速度 $\omega = \dfrac{2\pi}{23.93 \times 60 \times 60\text{s}}$。卫星的轨道半径为 $R+h$，而线速度 v 等于 $(R+h)\omega$，也就是半径 × 角速度：

$$v = \frac{2\pi(R+h)}{23.93 \times 60 \times 60}\text{m/s}$$

加速度 a 则是 $(R+h)\omega^2$，也就是半径 × 角速度^2：

$$a = (R+h)\left(\frac{2\pi}{23.93 \times 60 \times 60}\right)^2 \text{m/s}^2$$

地球（质量 M）和离地球中心距离 r 的静止卫星（质量 m）之间的万有引力 $F = G\dfrac{Mm}{r^2}$（G 为万有引力常数），而这个值在地表上观测到的数据是 mg。

由此可得 $mg = G\dfrac{Mm}{R^2}$，$GM = gR^2$。

进一步可得距地表 h 处的引力为 $\dfrac{mgR^2}{(R+h)^2}$，而这个力也就是令卫星产生加速度的力 ma，由此可以按照下式解出 h：

$$(R+h)\left(\frac{2\pi}{23.93 \times 60 \times 60}\right)^2 = \frac{gR^2}{(R+h)^2}$$

$$(R+h)^3 = \left(\frac{23.93 \times 60 \times 60}{2\pi}\right)^2 \times gR^2$$

$$R+h = \sqrt[3]{\left(\frac{23.93 \times 60 \times 60}{2\pi}\right)^2 \times gR^2}$$

$$h = \sqrt[3]{\left(\frac{23.93 \times 60 \times 60}{2\pi}\right)^2 \times gR^2} - R$$

虽然是相当复杂的公式，但只要将 $R = 6.37 \times 10^6\text{m}$ 和 $g = 9.81\text{m/s}^2$ 代入后就能解出静止卫星的轨道高度。

最后算出 h 的值大约是 $3.57 \times 10^7\text{m}$，即 35700km。

专栏

地球的一天等于24小时？一年旋转365圈？

大家知道地球自转一圈的准确时间吗（第一天正午到第二天正午之间的时间）？

普通人一般会认为地球转一圈就是24小时（平太阳日），但其实地球真正的自转周期要稍微短一点。这是因为地球在自转的同时，还在以365天的周期绕太阳公转。从其他恒星的视角来看，地球实际上是花了365天转了366圈，也就是365×24个小时转了366圈。因此，地球真正自转一圈所需的时间（恒星日）就是：

$$\frac{365\times24}{366}=23.9344\cdots\text{（小时）}$$

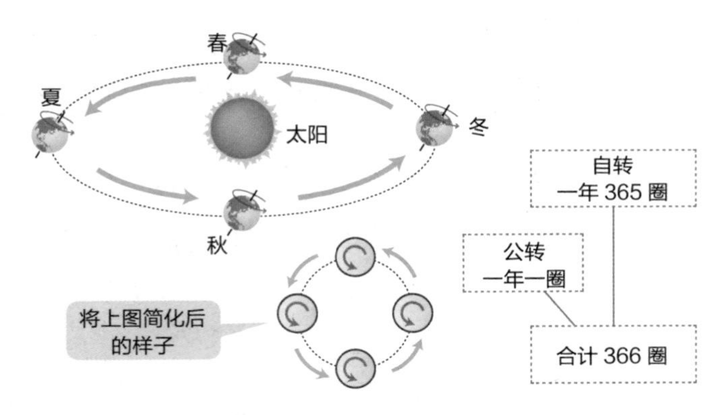

将小数点以后的部分按1小时=60分换算下来，就是23小时56分4秒。虽然的确是比24小时稍微短一点，不过在粗略计算中，将其当作是24小时也基本不会有什么问题。

后记

感谢各位读者能够读到最后。本书的书名叫作《七堂有趣的数学思维课》，但实际上很遗憾的是，每当笔者对别人说自己正在写一本关于数学的书，总是能听到“数学书？那有什么意思？”的回答，似乎“数学是无聊的东西”已经成了一个约定俗成的概念。

不光是无聊，还有人说数学“派不上用场”。话虽如此，但数学毕竟是学术研究，我并不认为其中所有的内容都必须要即刻在实际应用中发挥作用。像“对数”就是一个经常被针对说“既没用又无趣”的例子，那么这里就让我们借助对数的话题，试着思考一下“数学的趣味性”吧。

说实话，对数有个 log 的不常见记号，跟指数的关系也很复杂，的确令人望而生厌。然而在日常生活中，酸雨指标（pH 值小于 5.6）和地震震级的来源都用到了对数的思考方式。不了解对数的人看到震级 5 和震级 7 只会觉得“数字上差了 2”，但懂得对数的人就知道“（能量）相差了 1000 倍！”，即便看的是同一个电视新闻，对于地震的实感和从中获得的信息量也会有很大的不同。

此外在工作中，有时我们会想要找出两种数据间可能存在的某种关联，但画出图表后却发现数据一下就超出了坐标范围……这种情况要怎么办呢？这时我们就可以像第5课第5节中所说的那样，利用双对数坐标系把点标出来，通过测量其斜率，就能推测两者之间的关系（比如平方:立方 = 常数）。

这种操作在Excel中也能够做到（不如说是很简单）。不过Excel中的计算都是在黑盒中进行的，这样做的话就没那么有趣了。你身边类似的黑盒越多，无趣的东西也会随着变多。

不过我认为，**数学能够为我们分析并阐明不断变得黑盒化的生活和工作环境，而这也正是数学的趣味之一。**

数学是只用一根铅笔便能分析世上各种原理和事物的便利工具。在这个意义上，**数学的确是“有趣的”**。本书的出发点也正在于此，若能让读者体会到几分数学的思维与乐趣，对于笔者之一的我来说也就是意外之喜了。

本丸谅

2018年2月